BIBLIOTHÈQUE DES MERVEILLES

LES GRANDES PÊCHES

PAR

VICTOR MEUNIER

DEUXIÈME ÉDITION

ILLUSTRÉE DE 85 VIGNETTES SUR BOIS

PAR E. RIOU ET A. MESNEL

PARIS

LIBRAIRIE HACHETTE ET CIE

BOULEVARD SAINT-GERMAIN, N° 79

1871

BIBLIOTHÈQUE

DES MERVEILLES

PUBLIÉE SOUS LA DIRECTION

DE M. ÉDOUARD CHARTON

LES

GRANDES PÊCHES

PARIS. — IMP. SIMON RAÇON ET COMP., RUE D'ERFURTH, 1.

LES

GRANDES PÊCHES

I

LE PHOQUE

I. — LE PHYSIQUE.

Le phoque est un genre de mammifères de la famille des carnivores amphibies.

La partie antérieure de son corps est celle d'un quadrupède, la postérieure est celle d'un poisson.

Un museau court, des orbites sans sourcils, un front large, un crâne vaste et arrondi, lui donnent une physionomie particulière. Les mains jusqu'aux poignets, les pieds jusqu'aux talons sont compris dans l'enveloppe générale du corps. La queue, qui est courte, est placée entre les pieds. Il y a cinq doigts à chaque membre; les doigts des membres postérieurs sont réunis par une membrane, ce qui en fait de véritables nageoires. Les pieds se touchent par la plante et sont, par conséquent, placés sur le côté, le pouce en bas.

Les yeux, grands, ronds et à fleur de tête, ont une pupille semblable à celle du chat domestique, qui se rétrécit au grand jour, se dilate et s'arrondit dans un jour moindre.

Les narines, situées un peu en arrière de l'extrémité, présentent chacune deux ouvertures longitudinales formant un angle à peu près droit; elles sont ordinairement fermées, et il semble que l'animal doive faire effort pour les ouvrir : il ne les ouvre que lorsqu'il veut expulser l'air de ses poumons ou y en introduire de nouveau, et elles deviennent alors circulaires. L'utilité d'un pareil mécanisme chez un animal qui demeure fréquemment sous l'eau est évidente; le phoque respire d'ailleurs d'une façon très-inégale et souvent à des intervalles fort éloignés. Fréd. Cuvier, à qui nous empruntons ces détails, a souvent vu l'animal suspendre cette fonction pendant une demi-minute sans y être obligé. La quantité d'air qui, à chaque inspiration, entre dans les poumons, est considérable; aussi les phoques peuvent-ils demeurer longtemps sous l'eau, à tel point qu'on a cru que le trou de Botal, qui existe, comme on sait, dans le fœtus de mammifères, subsistait chez eux après leur naissance.

Les oreilles externes ne consistent qu'en un rudiment triangulaire, dont les dimensions, tant en hauteur qu'en largeur, sont à peine de deux ou

Phoques.

trois millimètres ; elles sont placées au-dessus des yeux, un peu en arrière, mais la partie osseuse de l'organe de l'ouïe est à la même place que chez les autres mammifères. Le pavillon se ferme lorsque l'animal pénètre dans l'eau.

La langue est douce, un peu échancrée à la pointe. F. Cuvier n'a jamais vu aucun phoque la faire sortir de sa bouche.

Le toucher paraît résider spécialement dans les poils longs et forts placés de chaque côté de la bouche en manière de moustaches et au coin de l'œil. Ces poils communiquent avec des nerfs remarquables par leur grosseur.

D'après les expériences de l'auteur cité, ces sens n'ont point la délicatesse que leur attribuait Buffon.

La vue est peut-être moins grossière; les phoques distinguent à quelque distance, et voient mieux dans un jour faible que dans une vive lumière.

L'ouïe est proportionnellement beaucoup plus imparfaite encore, puisqu'il n'y a aucun organe extérieur pour recueillir les sons. L'animal, passant sa vie au fond des eaux, tient nécessairement fermée l'entrée de ses oreilles.

Comme il en est de même des narines, il semblerait que l'odorat ne dût pas être d'un plus grand secours que l'ouïe ; cependant, chez aucun mammifère, les cornets du nez ne font des circonvolutions plus nombreuses. On suppose que le phoque pourrait avoir ce moyen de sentir : « Ce serait de mettre les émanations odorantes du corps renfermées dans sa bouche en contact avec la membrane pituitaire, en les introduisant dans le nez par le palais. »

Le goût paraît peu servir, car « ils se contentent, pour toute mastication, de réduire les poissons à des dimensions telles qu'ils puissent traverser le pharynx et l'œsophage; et, pour cet effet, se bornent ordinairement à presser ces poissons entre leurs dents. Quelquefois, cependant, ils déchirent leur proie avec leurs ongles; mais très-souvent ils l'avalent tout entière, quoiqu'elle soit pour ainsi dire plus grande que leur bouche ; aussi sont-ils obligés, pour que la déglutition s'opère, d'élever leur tête : le poids des aliments contribue alors à les faire glisser dans l'œsophage et dans l'estomac, et favorise les efforts des muscles. »

Il s'en faut cependant qu'ils soient indifférents sur le choix de leur nourriture. « Je n'ai jamais pu faire manger aux individus que j'ai observés que l'espèce de poisson avec laquelle on avait commencé à les nourrir. L'un n'a voulu manger que des harengs, et un autre que des limandes : le premier préférait même des harengs salés aux autres espèces fraîches, et le second est véritablement mort de faim, parce qu'on n'a pu lui fournir des limandes, les tempêtes de l'équinoxe ayant momentanément suspendu la pêche. »

F. Cuvier voit là un effet de l'habitude, et pour

montrer combien ces animaux se rendent esclaves de celle-ci, il rapporte qu'un de ceux qu'il a observés ne mangeait qu'au fond de l'eau, tandis qu'un autre n'a jamais voulu manger que sur terre.

Les dents ont des caractères particuliers qui suffiraient pour distinguer le phoque de tous les mammifères. Il y a six incisives en haut et quatre en bas; les canines sont semblables à celles des carnassiers; les molaires (cinq de chaque côté et à chaque mâchoire) sont triangulaires, tranchantes et analogues à ce qu'on nomme les fausses molaires; celles de la mâchoire inférieure correspondent aux vides que laissent entre elles celles de la mâchoire opposée.

On a vu que la mastication est fort imparfaite, mais en compensation le phoque peut distendre à l'excès toutes les parties par lesquelles les aliments doivent passer; de plus, il est abondamment pourvu d'une salive visqueuse qui, pendant la déglutition, remplit sa bouche au point de s'écouler au dehors en longs filets, phénomène qui se présente dans toute sa force au moment même où le phoque ne fait encore que d'apercevoir sa proie : « Il éprouve donc très-vivement la sensation du plaisir aux organes du goût par le seul effet du rapport des nerfs, par la seule influence de la sympathie; et je serais assez porté à penser que ce sentiment peut suppléer, jusqu'à un certain point, le véritable sentiment du goût, et porter les animaux qui ne mâchent point à choisir leurs aliments. »

La voix la plus forte que les jeunes phoques observés à la Ménagerie aient fait entendre est une sorte d'aboiement un peu plus faible que celui du chien. C'est le soir, et lorsque le temps se disposait à changer, qu'ils aboyaient. Quand ils étaient en colère, ils ne le témoignaient que par une sorte de sifflement assez semblable à celle d'un chat qu'on menace.

II. — LE MORAL.

Les phoques, pourvus de membres si imparfaits, de sens si grossiers, savent tirer du petit nombre de leurs sensations des résultats infiniment supérieurs à ceux qu'obtiennent des animaux en apparence plus favorablement organisés; nouvelle preuve en faveur de l'opinion qui donne au cerveau la principale influence sur les idées.

Leur cerveau est, en effet, fort développé, très-riche en circonvolutions; et chez quelques-uns, il est même proportionnellement plus volumineux que chez l'homme.

Ceux dont F. Cuvier nous entretient (ils étaient

au nombre de trois) ne s'effrayaient ni de la présence de l'homme, ni de celle des animaux. « On ne parvenait même à les faire fuir qu'en s'approchant assez d'eux pour leur donner la crainte d'être foulés aux pieds, et, dans ce cas-là, ils n'évitaient jamais le danger qu'en s'éloignant. Un seul menaçait de la voix et frappait quelquefois de la patte, mais il ne mordait qu'à la dernière extrémité. Il en était de même pour conserver leur nourriture ; quoiqu'ils fussent très-voraces, ils ne témoignaient aucune crainte de se la voir enlever par d'autres que par leurs semblables ; plusieurs fois j'ai repris le poisson que je venais de donner à l'animal qui en avait le plus grand besoin, sans qu'il ait opposé d'obstacle à ma volonté, et j'ai vu des jeunes chiens, auxquels un de ces phoques s'était attaché, s'amuser, pendant qu'il mangeait, à lui arracher de la bouche le poisson qu'il était prêt à avaler, sans qu'il témoignât la moindre colère. Mais lorsqu'on donnait à manger à deux phoques réunis dans le même bassin, il en résultait presque toujours un combat à coups de pattes, et, comme à l'ordinaire, le plus faible ou le plus timide laissait le champ libre au plus fort ou au plus hardi. »

Dans les premiers jours de son arrivée, un de ces phoques fuyait lorsqu'on le flattait de la main, « mais, quelques jours après, toute crainte avait cessé ; il avait reconnu la nature du mouvement de ma main sur son dos, et sa confiance était entière. Ce même phoque était enfermé avec deux petits chiens qui s'amusaient souvent à lui monter sur le dos, à aboyer, à le mordre même; et quoique tous ces jeux et la vivacité des mouvements qui en résultaient fussent peu en harmonie avec ses habitudes et ses mouvements, il en appréciait le motif, car il paraissait s'y plaire : jamais il n'y répondit que par de légers coups de pattes qui avaient plutôt pour objet de les exciter que de les réprimer. Si ces jeunes chiens s'échappaient, il les suivait, quelque pénible que fût pour lui une marche forcée dans un chemin couvert de pierres et de boue ; et lorsque le froid se faisait sentir, tous ces animaux se couchaient très-rapprochés les uns des autres afin de se tenir chaud mutuellement.

« Un autre s'était surtout attaché à la personne qui avait soin de lui ; après un certain temps, il apprit à la reconnaître d'aussi loin qu'il pouvait l'apercevoir ; il tenait les yeux fixés sur elle jusqu'à ce qu'il ne la vit plus, et accourait dès qu'elle s'approchait du parc où il était enfermé. La faim, au reste, entrait aussi pour quelque chose dans l'affection qu'il témoignait à ses gardiens : ce besoin continuel et l'attention qu'il donnait à tous les mouvements qui pouvaient l'intéresser sous ce rapport lui avaient fait remarquer, à soixante pas, le lieu qui contenait sa nourriture, quoique ce lieu fût tout à fait étranger à son parc, qu'il servît à une foule d'autres usages et que, pour y chercher le poisson, on n'y entrât que deux fois chaque jour. Si le phoque était libre, lorsqu'on approchait de ce lieu, il accourait et sollicitait vivement sa nourriture par des mouvements de tête et surtout par l'expression de son regard. »

Et Frédéric Cuvier cite ce trait remarquable :

« Il m'est arrivé souvent de placer le poisson que je donnais à un individu qui refusait d'aller à l'eau, de le placer, dis-je, dans un baquet du côté opposé à celui où cet individu se trouvait. D'abord l'animal faisait quelques tentatives, en montant sur le bord du baquet et en allongeant son cou pour atteindre sa proie; mais dès qu'il s'apercevait qu'elle était trop éloignée, il descendait, faisait le tour du baquet et venait remonter précisément où le poisson se trouvait, quoiqu'il l'eût tout à fait perdu de vue pendant le trajet, et qu'il n'eût pu conserver que dans son entendement l'image de cette proie et de la place qu'elle occupait.

« C'était, à ce qu'il me semble, juger des objets avec assez de pénétration, et certainement c'était surpasser sous ce rapport la moitié des autres mammifères qui perdent la conscience de la présence des objets aussitôt que leurs sens n'en sont plus frappés. »

Une foule d'observations ont d'ailleurs montré que le phoque, lorsqu'il a été pris jeune, s'attache à son maître, et qu'il éprouve pour celui-ci une affection aussi vive que le chien. On en a vu auxquels des matelots ou des bateleurs avaient appris à faire différents tours, et qui les exécutaient au commandement avec assez d'adresse et beaucoup de bonne volonté. Mais, si on les tourmente trop, ils peuvent devenir dangereux. Pour les conserver longtemps en captivité, il faut les tenir, pendant la plus grand partie du jour, et surtout lors de leurs repas, dans un cuvier à demi rempli d'eau; la nuit, on les fait coucher sur la paille. Nos ménageries en ont fréquemment possédé, et les montreurs d'animaux en font souvent voir dans nos grandes villes.

III. — LES MŒURS.

A part ceux qu'on trouve dans le lac Baïkal[1], les phoques sont des animaux marins. Ils habitent presque toutes les mers de l'hémisphère boréal et principalement l'océan Glacial, sur les rivages et sur les glaces duquel on les trouve souvent en

[1] Quelques auteurs disent qu'il y en a également dans le Ladoga et dans l'Onéga.

troupes nombreuses. Les poissons forment leur nourriture. Il leur faut, pour sortir de l'eau, choisir un endroit convenable, car ce n'est pas sans difficulté qu'ils se hissent sur une plage un peu élevée ou sur un glaçon flottant, en s'accrochant des mains et des dents à toutes les aspérités qu'ils peuvent saisir. Ils aiment cependant à monter sur les rochers; s'en approchant avec le flot, ils s'élèvent de plus en plus à mesure que les vagues s'amoncellent, s'attachant à chaque fois, comme on vient de le dire, aux parois du roc. C'est surtout pendant la tempête qu'ils prennent leurs ébats sur les grèves sablonneuses; par un temps calme, ils ne semblent vivre que pour dormir.

Chaque mâle a ordinairement plusieurs femelles qu'il défend avec courage. Lorsqu'elles sont pleines, de novembre à janvier, il redouble de soins et de tendresse pour elles. La femelle ne fait qu'un seul ou deux petits; elle met bas à quelque distance de la mer, sur un lit d'algues ou d'autres plantes marines. La mère ne va pas à l'eau tant que ses petits ne peuvent s'y traîner, ce qu'ils sont en état de faire une quinzaine de jours après la naissance. Comment les femelles se nourrissent-elles pendant ce temps? On ne le sait pas positivement; mais on suppose que le mâle porte de la nourriture à sa compagne. Quand le petit est arrivé à l'eau, sa mère lui apprend à nager; elle le surveille pendant qu'il se mêle aux animaux de son espèce; quelque danger se montre-t-il, elle le charge sur son dos et se hâte de le mettre en sûreté. Elle l'allaite, toujours hors de l'eau (la lactation dure cinq ou six mois), le soigne très-longtemps; mais aussitôt qu'il peut pourvoir seul à ses besoins, le père le force à s'établir en un autre lieu.

IV. — LES ESPÈCES.

Le *phoque commun* est d'un gris jaunâtre, couvert de taches noirâtres irrégulières. Longueur, 1 mètre. On en connaît une variété blanchâtre, dont la couleur n'est peut-être qu'un effet de la vieillesse. Cette espèce se trouve sur les rivages de toutes les mers d'Europe, mais principalement dans le Nord. Elle peut être facilement apprivoisée et s'attache à ceux qui la soignent.

Le *grand phoque*. Il a plus de 3 mètres. Son pelage varie beaucoup. La peau est presque nue chez les vieux. Il habite la haute mer près du pôle boréal, et se rend à terre au printemps. La femelle ne fait qu'un petit, qu'elle met bas sur les glaces flottantes, vers le mois de mars. Les Groënlandais estiment cette espèce pour sa chair, sa graisse, ses intestins (mets à leur avis excellent), et pour sa peau, dont ils s'habillent.

Le *phoque-moine*. Sa longueur varie de 2^m,50 à 5 mètres. Son pelage est ras, très-court et très-serré, entièrement noir en dessus, blanc sous le ventre. Commun dans la mer Adriatique, il se trouve aussi probablement sur les côtes de la Sardaigne, s'apprivoise très-bien, obéit au commandement comme le chien le mieux dressé.

Le *phoque à trompe*, vulgairement désigné sous les noms de *lion marin*, *éléphant marin*, *phoque à museau ridé*, etc., atteint de 8 à 10 mètres de longueur, sur une circonférence de 4 ou 5. Son pelage est ras, d'un gris bleuâtre, parfois d'un brun noirâtre, rude et grossier. Ses yeux sont très-grands et proéminents. Les poils des moustaches rudes et contournés en spirale. Les canines inférieures fortes, arquées et saillantes hors des lèvres. Les ongles des mains très-petits. La queue est courte, mais très-apparente. Les mâles adultes ont un prolongement du nez, en forme de trompe membraneuse et érectile ; prolongement mou, élastique, ridé, long de près d'un demi-mètre.

Cet animal se trouve sur les plages de la plupart des îles désertes de l'hémisphère austral, vit en troupes de cent cinquante à deux cents individus, émigre régulièrement pour passer l'été dans le nord de la zone qu'il habite et l'hiver dans le sud. Pendant les quatre premiers mois de l'année, il ne quitte pas la mer, se nourrit de poissons, de mollusques et de crustacés, devient exessivement gras ; pendant le reste de l'année, il va souvent à terre, y cherche les bourbiers pour s'y vautrer : on l'y trouve souvent endormi. Chaque femelle fait un ou deux petits, qu'elle allaite pendant deux ou trois mois. Ce phoque produit beaucoup d'huile ; aussi est-ce celui qu'on cherche avec le plus d'activité.

Le *phoque-oursin* (l'*ours marin* de Buffon) est long de 1^{m},50 à 2 mètres. Son pelage est composé de deux sortes de poils : celui de dessous court, ras, doux, satiné et d'une belle couleur rousse, celui de dessus plus long, brunâtre, tacheté de gris foncé ; les moustaches sont très-longues. Il se plaît au milieu des rochers et des récifs, sur les côtes les plus exposées à la tempête. Ses mœurs sont très-sauvages ; la finesse de l'odorat l'avertit à une très-grande distance de l'approche des chasseurs. Fourrure assez estimée. Il habite les côtes du Kamtchatka et les îles Aléoutiennes.

Le *phoque-latyrhynque* (*lion marin*). Sa longueur varie entre 3 et 8 mètres. Pelage jaune, moustaches noires. Le mâle adulte porte sur le cou une crinière épaisse, descendant jusque sur les épaules. Caractère doux et timide. Vit de poissons, d'oiseaux marins et quelquefois d'herbes. La femelle, pour mettre bas, se cache dans les roseaux; c'est là qu'elle allaite; chaque jour elle va à la mer, et regagne sa retraite le soir. La chair de cette espèce est mangeable; son huile est utile et sa peau excellente pour les ouvrages de sellerie. Habite l'océan Boréal, le Kamtchatka, les Kouriles, la Californie.

V. — LA PÊCHE.

La pêche du phoque date de la plus haute antiquité. Les *Sagas* attestent que les anciens Scandinaves s'y livraient. Pour le dire en passant, il paraît que plusieurs de ces Sagas sont écrites sur des peaux de phoques ayant reçu le mode de préparation qui constitue le parchemin. Cette pêche devait être fort active à l'époque où la Germanie fut conquise par les Romains, puisqu'au rapport de Tacite, les guerriers de ce pays s'habillaient de peaux de phoques. Sous l'empire, les tentes des armées romaines en furent faites, ce qui donne à penser que les phoques étaient alors bien plus nombreux qu'aujourd'hui dans la Méditerranée, à moins cependant qu'on ne les tirât du Nord par voie d'échange. L'habitude de couvrir ainsi les tentes, venait de cette idée superstitieuse que la dépouille du phoque n'est jamais frappée de la foudre. Auguste portait constamment sur lui un fragment de peau de phoque ; Septime Sévère s'était abrité sous cet étrange paratonnerre avant que l'emploi en devînt général parmi les légions. Les Scandinaves faisaient encore avec la même peau des câbles très-estimés, soit pour tenir leurs vaisseaux à l'ancre, soit pour les attacher les uns aux autres pendant les batailles navales. Les Fennes ou Lapons payaient leurs tributs en câbles de peau de phoque. Il est probable aussi qu'ils s'en servaient, comme font aujourd'hui même les Groënlandais, pour recouvrir la carcasse de leurs navires.

Cette pêche avait une importance considérable au quatorzième siècle, ainsi que le prouvent les chartes du temps. Non-seulement on recherchait le phoque pour son cuir et pour son huile, comme nous le faisons encore aujourd'hui, mais pour sa chair qui figurait en Angleterre et en Scandinavie sur les tables les plus somptueuses. Les Romains, au temps de Galien, en ont également mangé.

Le phoque nous est utile ; il est nécessaire aux Groënlandais. « Ils n'ont d'autres champs que la mer, d'autre récolte à faire que leur pêche, dit un auteur hollandais ; leurs troupeaux de phoques sont donc plus nécessaires à leur subsistance que ne le sont les troupeaux de moutons aux Européens en général, et les cocotiers aux Indiens.

« Outre la nourriture et les vêtements, ces animaux leurs fournissent la toiture de leurs cabanes, car elles sont toutes couvertes de peaux de ces amphibies ; les canots dans lesquels ils naviguent en sont couverts aussi. L'huile du phoque est employée dans les lampes : cette huile entretient le feu avec lequel ils apprêtent leurs aliments, et c'est dans cette même huile qu'ils conservent le poisson desséché. Ils sont particulièrement friands du foie, du cœur et des poumons ; avec le sang ils font du boudin qu'ils délayent dans leur soupe.

« Ce n'est pas tout ; le Groënlandais ne perd rien du phoque. Avec les petites fibres il fait un fil à coudre aussi bon que le fil et la soie. Les larges peaux des intestins préparées avec soin tiennent lieu de vitres. Ils poussent l'industrie jusqu'à en faire des rideaux de porte, et pour tout dire, ces membranes leur tiennent lieu de toile pour faire leurs chemises. La plupart des vessies des phoques servent de bouteilles pour conserver l'huile. Avant que nos pêcheurs leur portassent du fer, les os du phoque leur en tenaient lieu : ce peuple peut se passer de tout, pourvu qu'il ait des phoques : il manquerait même de tout, s'il venait à perdre ces animaux. »

Ceux qui poursuivent les phoques dans la Baltique et sur les rivages de cette mer s'en emparent de diverses manières : ils les harponnent, les enlacent dans des filets, les tirent au fusil ou les assomment avec des massues. Il y a des chasseurs qui augmentent le butin par une ruse singulière. Placés sur les rochers, et couverts de peaux de phoques ou de sarraux de la même couleur, ils imitent le cri de ces animaux, qui arrivent aussitôt et reçoivent tous le coup mortel. Qui prend les veaux marins de cette manière est regardé comme sorcier par les habitants de la côte, préjugé favorable à ceux qui en sont l'objet, en ce qu'il fait respecter leurs habitations pendant leurs fréquentes absences. Étant en même temps, les uns pêcheurs, les autres pilotes côtiers, ces hommes infatigables sont dans un mouvement continuel, et vivent sur l'eau autant que sur terre.

La chasse la plus remarquable est celle des paysans de l'île de Gottland et des îles qui bordent les golfes de Finlande et de Botnie. Aux mois de mars et d'avril, lorsque les glaces commencent à fondre, ces paysans se rassemblent en caravanes et partent sur des bateaux à voiles, dont la quille est ferrée et que suivent des nacelles légères. Ils sont pourvus de vivres, de poudre, de fusils, de massues, de harpons. Quand les passages sont trop étroits, ils tirent les bateaux sur les glaces et les font avancer à force de bras. En attendant, les nacelles se frayent des passages, et des chiens dressés se répandent de tous côtés pour éventer la proie. Lorsqu'on rencontre les phoques sur les glaces, on les assomme à coups de massue, avant qu'ils puissent regagner leurs asiles ou se jeter à l'eau ; mais s'ils parviennent à se cacher ou à plonger, la chasse devient plus difficile. Quelques hommes se jetant dans les nacelles, cherchent à les harponner ; d'autres, restés sur les glaces, se couchent sur les fentes par où les phoques se sont retirés, y déchargent leurs fusils et retirent avec des cordes l'animal qui a succombé. Si le coup a manqué, le chasseur court risque d'être blessé par le phoque qui, d'ordinaire doux et paisible, devient furieux et s'élance sur l'ennemi du fond de sa caverne glacée. Outre ce danger, les paysans en courent plusieurs. Les passages où ils se sont aventurés avec les bateaux et les nacelles se recouvrent quelquefois subitement d'une glace légère et de neige, et deviennent impraticables. S'il s'élève des tempêtes, les plaines glacées se fendent, se brisent et se changent en glaçons flottants ; le chasseur emporté par un de ces glaçons périt souvent de froid et de faim. Linnée rapporte qu'en l'année 1623, quatorze paysans gottlandais furent portés ainsi, depuis les côtes de leur île jusque dans le port de Stockholm ; ballottés au gré des vents et des flots, ils étaient restés sur les glaçons pendant quinze jours, et n'avaient eu d'autre nourriture que la chair crue des phoques.

« Il y a sept ans, raconte Acerbi, que deux Finlandais se mirent dans un canot pour une pareille chasse ; ayant aperçu quelques veaux marins sur une petite île de glace, ils quittèrent leur barque pour monter sur cette île, et, se traînant sur leurs mains et sur leurs genoux, ils s'approchèrent des phoques sans en être découverts. Ils avaient auparavant amarré leur canot à cette petite île ; mais pendant qu'ils étaient occupés de leur chasse, le canot se détacha de son amarre, et, bientôt rencontré par d'autres glaçons, fut soudain écrasé entre eux, et, en peu de minutes, ces débris disparurent entièrement. Quand ces malheureux s'aperçurent du danger qu'ils couraient, il n'était plus temps d'y remédier. Ils se trouvèrent abandonnés à eux-mêmes, sans nulle ressource et sans le moindre rayon d'espérance. Ils restèrent ainsi deux semaines en butte à toutes les craintes, sur un plancher fragile dont ils voyaient de jour en jour diminuer le volume ; et livrés à toutes les horreurs de la faim, ils allèrent jusqu'à dévorer la chair de leurs bras. Chaque minute entr'ouvrait sous leurs yeux le gouffre de la mort. Enfin, déterminés à mettre un terme à cette lente et douloureuse agonie, en se précipitant dans le sein de la mer, ils saluèrent le jour qui venait de naître comme le dernier qui devait éclairer leur épouvantable infortune, et, s'embrassant tendrement, pour descendre ensemble dans le vaste tombeau qui devait les ensevelir, ils allaient se précipiter, quand ils aperçurent une voile. Quel moment! on l'eût éprouvé, qu'on ne réussirait pas encore à le peindre. Un d'eux se dépouille de son habit, et l'attachant au bout de son fusil, l'agite dans l'air. Heureusement ils furent aperçus : c'était une barque de pêcheurs de phoques ; ces pêcheurs accoururent à leur secours et sauvèrent les deux infortunés. »

Il s'en faut de beaucoup, ainsi que le fait observer M. Catteau-Catteville, que toutes ces peines et ces périls soit compensés par le profit. Le partage du butin ayant eu lieu, il se trouve un gain de 30 à 40 francs par tête, qui doit en même temps payer les frais de la chasse. Il est difficile de comprendre comment une branche d'industrie à la fois si dangereuse et si peu lucrative peut avoir des attraits. « Mais, dit notre auteur, une éducation rude, un tempérament endurci par les frimas et l'habitude des dangers contractée dès la plus tendre enfance, peuvent donner une audace qui se joue des entreprises les plus hasardeuses et devient un caractère dominant, une passion aussi active que le besoin et l'intérêt. »

Chasse aux phoques.

Arrivons à la grande pêche. Ce sont surtout les Américains et les Anglais qui s'y appliquent. Il n'est pas rare, à l'issue de l'hiver, de trouver aux environs du Labrador, trois à quatre cents navires appartenant à ces deux nations et montés chacun d'une vingtaine d'hommes, et dont la pêche du phoque est l'unique occupation.

Dès qu'on aperçoit du haut des mâts une bande de phoques sur quelque banc de glace, les canots mettent en mer et gouvernent vers le banc : les marins poussent tous ensemble de grands cris pour jeter l'épouvante dans le troupeau et empêcher les animaux de se précipiter dans l'eau. Les canots une fois à portée, des hommes s'élancent sur la glace et attaquent les phoques à coups de gaffe. Lorsqu'il n'y a plus rien à faire sur un banc de glace, on va attaquer un autre troupeau sur un second banc, et ainsi de suite, aussi longtemps qu'on découvre des phoques dans le même parage. La chasse finie, les canots, dont chacun peut contenir trente-six de ces animaux, regagnent le vaisseau. Les phoques sont écorchés sur le tillac ; on prend la précaution de saler les peaux pour les conserver ; la graisse est mise dans des tonneaux, et on jette ensuite les carcasses dans la mer.

Quelquefois aussi on les tue à coups de fusil, et dans quelques cas on tend des filets et des piéges dans lesquels on tâche de les faire tomber.

Les peaux de phoque servent à couvrir les malles de voyage et les havresacs. Avec l'huile, on prépare les cuirs et on fait des savons de qualité inférieure.

Pêcheurs finlandais naufragés.

Le morse.

II

LE MORSE

Le morse appartient à la même famille que le phoque, et lui ressemble beaucoup, tant pour l'organisation que pour les mœurs. Il s'en distingue toutefois à première vue par le développement énorme des canines de sa mâchoire supérieure, qui atteignent jusqu'à 60 et 70 centimètres de long. Les canines manquent, au contraire, ainsi que les incisives à la mâchoire inférieure. Il se sert de ces grandes dents pour grimper sur les rochers et sur la glace, pour détacher, comme avec un râteau, les mollusques fixés aux bas-fonds, les moules surtout, dont on le dit très-friand, et enfin pour combattre les ours. Ces canines lui ont valu les noms d'*éléphant de mer* et d'*animal à*

Ours étouffant un morse.

la grosse dent; on le nomme encore vulgairement *cheval marin* et *vache marine.* Il y en a qui atteignent jusqu'à 6 et 7 mètres de long et surpassent en grosseur les plus forts taureaux; on en a pris qui pesaient jusqu'à 2,000 kilogrammes.

Il se nourrit d'algues, de coquillages et de crustacés, que ses molaires, creusées d'enfoncements et de saillies qui se correspondent d'une mâchoire à l'autre, réduisent aisément en bouillie.

Ils vivent par troupes, jadis si nombreuses et si peu méfiantes, qu'au rapport de Gmelin, les Anglais, en tuèrent, à l'île de Merry, en 1705, 7 à 800 en six heures ; et en 1708, 900 en sept heures. On les chasse principalement aujourd'hui sur les îles nombreuses qui environnent le Spitzberg, où leurs bandes arrivent vers la fin de l'été. Les habitants du Finmark et de la Russie envoient dans ce but des bateaux qui hivernent. Les glaces bientôt reformées rendent leur retour fort difficile, et on a plus d'un exemple d'équipages que le froid a détruits jusqu'au dernier homme.

Dans les premiers temps de la pêche, les morses, ne connaissant pas l'homme, nageaient sans crainte autour des navires et on en prenait autant qu'on voulait sans beaucoup de peine. Ils ne craignaient pas alors de s'aventurer assez loin du rivage, et même restaient à sec lorsque la mer se retirait. L'équipage des chaloupes, arrivé sur le sable, se rangeait de façon à couper la retraite à ces animaux. Le morse voyait tranquillement les dispositions prises pour l'assaillir, ne soupçonnant nullement le danger dont il était menacé ; il ne songeait à fuir qu'après avoir été attaqué, et lorsqu'il voyait la terre couverte des animaux de son espèce sur lesquels les premiers coups avaient porté. Les pêcheurs formaient alors une espèce de retranchement avec les morses tués, et assommaient facilement ceux qui cherchaient à le franchir pour regagner la mer. On en tuait de cette façon jusqu'à 600 dans une seule attaque.

On cite dans l'histoire des pêches un certain capitaine Kykyrez, le même qui donna son nom à plusieurs îles voisines du Spitzberg : il prit en 1640 une telle quantité de morses par la méthode élémentaire qu'on vient de décrire; que sa fortune fut faite du coup.

Il n'est plus si facile aujourd'hui de prendre le morse. Il fuit la rencontre des pêcheurs, se retire dans les lieux où il se croit en sûreté, forme rarement de grandes bandes à terre ou sur les glaces, ne se couche jamais que très-près de la mer, de façon à pouvoir se précipiter dans l'eau à l'approche de l'homme, se tient continuellement sur ses gardes, et ne se livre au sommeil qu'après avoir placé une sentinelle qui ne manque pas d'avertir la bande de l'arrivée de l'ennemi.

Lorsqu'on attaque le morse sur les rochers ou sur la glace, il cherche à éviter le combat et tout le troupeau s'élance à la mer si c'est possi-

Canot attaqué par des morses.

ble. On voit alors les derniers frapper de leurs longues dents le dos de ceux qui les précèdent pour les faire aller plus vite. Mais si la fuite lui est fermée, il se défend à outrance. Blessé, il devient furieux, s'élance sur l'ennemi, frappe avec ses dents, brise parfois les armes ou les fait tomber des mains de l'agresseur. Loin de craindre le danger, il court au secours des siens, suit le canot qui remorque l'animal capturé, met tout en œuvre pour le délivrer et le venger; il se jette sur les chaloupes, les accroche de ses longues dents, les perce d'outre en outre et les fait chavirer.

C'est au harpon qu'on les attaque le plus ordinairement. On emploie un harpon dont la trempe est très-forte. La pointe casse souvent et n'entre pas dans la chair, car le cuir de l'animal est très-dur. Quand on l'a atteint au bon endroit, le morse est pris et ne peut plus échapper. On le toue à la proue de la chaloupe avec la ligne fixée à l'anneau du harpon, et on l'achève à coups de lames tranchantes des deux côtés et fortement trempées. Dès qu'il est mort, on le mène à la côte ou sur la glace la plus proche, on l'écorche pour avoir son lard, et on lui coupe la tête, qu'on emporte pour la faire cuire dans un chaudron ; les dents se détachent des alvéoles par la cuisson.

Ses défenses, faciles à distinguer de l'ivoire en

ce que leur tissu est formé de grains ronds tandis que ceux de l'ivoire ont la forme de losanges, et dont l'éclat est plus pur et plus durable que celui des défenses d'éléphants; son huile, dont un seul individu donne jusqu'à une demi-tonne; sa peau, dont on fait de bonnes soupentes de voitures : tels sont les titres du morse à l'estime que l'homme lui témoigne en allant le chercher au prix de toutes sortes de périls dans les parages du Spitzberg. On n'entreprend guère cette pêche cependant que comme pis-aller, quand celle de la baleine n'a pas réussi. Il paraît bien au reste que l'espèce est en décroissance, car on ne rencontre aujourd'hui qu'un petit nombre de vieux morses, et sur cent individus, à peine en trouve-t-on un dont les dents soient à point, industriellement parlant.

Les naturalistes de l'antiquité n'ont point connu le morse, mais on l'a de bonne heure pêché dans le Nord.

On le pêchait comme aujourd'hui pour ses défenses, sa graisse et son cuir; on employait ce dernier à un usage tombé en désuétude; on en faisait des cordages et des câbles aussi estimés que ceux dont le phoque fournissait la matière première. Soixante hommes ne pouvaient les rompre; on en faisait présent aux rois; les Sagas les vantent. C'était encore au moyen âge l'objet d'un grand commerce, et Albert le Grand nous apprend qu'on les importait sur les marchés de Cologne.

Massacre de morses.

Baleine harponnée.

III

BALEINE ET CACHALOT

I

LES CÉTACÉS SOUFFLEURS

Baleine et cachalot sont les plus grands de tous les animaux vivants. Leur forme est celle du poisson, mais leur circulation est double, leur sang est chaud, ils respirent l'air en nature, ils sont vivipares et allaitent leurs petits : ce sont des mammifères, des *cétacés souffleurs*; tribu des cétacés à grosse tête.

Quoiqu'ils aient la forme des poissons, ils s'en distinguent à première vue, en ce que, chez ces derniers, la queue est verticale, tandis que chez nos souffleurs, comme d'ailleurs chez tous les cétacés, elle est horizontale.

Cette queue longue et épaisse est une nageoire. Les membres antérieurs en forment deux autres. Ils sont cependant composés des mêmes os que les bras de l'homme, mais les os du bras et de l'avant-bras sont très-courts, tandis qu'au contraire la main est très-développée. Les doigts, au lieu d'être séparés comme chez nous, sont réunis ensemble par la peau.

Les membres postérieurs manquent. Deux ou trois osselets rudimentaires suspendus dans les chairs sont tout ce qui reste du bassin.

Comme chez les poissons, c'est principalement la queue qui donne l'impulsion au corps ; les membres ne servent guère qu'à équilibrer les mouvements. L'air que renferment leurs vastes poumons, l'énorme quantité de graisse dont leur corps est chargé ou plutôt allégé, en diminuant leur densité, ne favorisent pas moins leur locomotion que la forme générale du corps, si exactement appropriée au milieu qu'ils habitent.

La tête est si énorme qu'elle fait à elle seule, chez le cachalot, plus de la moitié de la longueur totale du corps. Le crâne a cependant les proportions ordinaires, mais les os de la face ont un développement gigantesque. Les narines s'ouvrent à la partie supérieure du corps, de sorte que l'animal peut respirer sans élever la tête hors de l'eau.

Les sens sont peu développés, mais moins obtus qu'on le dit.

Les yeux petits, latéraux, se rapprochent de ceux des poissons.

Le conduit auditif s'ouvre au dehors par un pertuis très-étroit. L'organe interne est assez complet. « Ils entendent fort bien, mais à la condition que le bruit aura été produit dans l'eau. Ainsi le bruit d'un coup de fusil les trouve insensibles; celui d'un aviron leur donne promptement l'éveil. C'est ici comme pour la vue. L'oreille et l'œil sont en rapport avec le milieu dans lequel les deux fonctions doivent s'exécuter[1]. »

On a dit que le sens de l'olfaction était nul; l'expérience des baleiniers proteste contre cette opinion : « Lorsqu'un navire fond du gras de baleine, il se répand au loin une odeur pénétrante très-désagréable. Si dans ce moment-là des baleines arrivent sous le vent du navire, même à une grande distance, elles s'éloignent en changeant immédiatement de direction. A quoi attri-

[1] *Journal d'un baleinier*, par M. le docteur Thiercelin.

buer leur fuite, si ce n'est à l'odeur à laquelle elles sont sensibles? »

L'observation suivante, due à l'amiral Pléville-le-Peley, vient à l'appui de cette manière de voir. « La baleine poursuivant à la côte de Terre-Neuve la morue, le capelan, le maquereau, inquiète souvent les bateaux pêcheurs; elle les oblige quelquefois à quitter le fond dans le fort de la pêche et leur fait perdre la journée.

« J'étais un jour avec mes pêcheurs : des baleines parurent sur l'horizon; je me préparai à leur céder la place; mais la quantité de morue qui était dans le bateau y avait répandu beaucoup d'eau qui s'était pourrie; pour porter la voile nécessaire, j'ordonnai qu'on jetât à la mer cette eau qui empoisonnait; peu après je vis les baleines s'éloigner, et mes bateaux continuèrent de pêcher.

« Je réfléchis sur ce qui venait de se passer, et j'admis pour un moment la possibilité que cette eau infecte avait fait fuir les baleines.

« Quelques jours après, j'ordonnai à tous mes bateaux de conserver cette même eau et de la jeter à la mer tous ensemble, si les baleines approchaient, sauf à couper leurs câbles et à fuir si ces monstres continuaient d'avancer.

« Ce second essai réussit à merveille; il fut répété deux ou trois fois, et toujours avec succès;

et depuis je me suis intimement persuadé que la mauvaise odeur de cette eau pourrie est sentie de loin par la baleine, et qu'elle lui déplaît. »

Comme les baleines avalent leur nourriture sans la mâcher, il est à présumer que le goût est chez elles peu développé. La langue, d'un volume proportionné aux dimensions de la bouche, a, dans quelques espèces, jusqu'à 8 et 9 mètres de longueur, et fournit plusieurs barils d'huile. Elle occupe tout l'intervalle situé entre les deux branches du maxillaire inférieur. « Cet organe est composé en entier de graisse mouchetée de petites masses musculaires innombrables, très-contractiles et pouvant se gorger de beaucoup de sang. C'est presque du tissu érectile. De sorte que, au gré de l'animal, il se gonfle et occupe toute la capacité de la bouche, ou s'aplatit de manière à laisser cette cavité entièrement libre[1]. »

La peau est le siége d'une sensibilité assez développée : « Si une embarcation effleure la peau d'un cachalot ou d'une baleine, l'animal frémit, se recule, sonde ou change immédiatement de direction. »

Comme on l'a dit, les narines s'ouvrent à la partie supérieure de la tête, de sorte que l'animal peut respirer sans élever sa tête hors de l'eau.

[1] *Journal d'un baleinier;* c'est à lui également que sont empruntées les citations suivantes.

Par elles s'échappent, pendant l'acte de l'expiration, ces jets d'eau ou de vapeur qui ont valu à ces animaux le nom de souffleurs. Le jet s'élève à une hauteur de plusieurs mètres et se voit de fort loin; il s'accompagne, en certaines circonstances, d'un bruit d'une violence extrême et qui s'entend de plusieurs kilomètres. « Je ne saurais trop à quoi on pourrait le comparer, si ce n'est au bruit d'une forte colonne d'air poussée par un très-gros soufflet de forge, dans un large tube de cuivre ou, mieux encore, d'airain. C'est une note très-grave et très-forte, soutenue pendant 8 ou 10 secondes. » On admet communément que l'animal forme ce jet en expulsant avec force l'eau qui pénètre dans sa gueule en même temps que les animaux dont il se nourrit et la vapeur aqueuse exhalée par les poumons. Mais la première partie de cette explication est contestée par M. Thiercelin. Selon lui, quand l'animal a saisi sa proie, il gonfle sa langue de façon à lui faire occuper toute la capacité de la bouche, et l'eau qui remplissait celle-ci s'échappe par les côtés. Jamais cette eau ne sort par les évents, et le souffle se compose d'air chaud et de vapeaur aqueuse sortant de la poitrine, à laquelle se mêle, sous forme de poussière, une petite quantité d'eau (un à deux litres), qui, malgré les sphincters des évents, pénètre dans la première partie du canal aérien.

Les cétacés vivent alternativement dans l'eau

et sur l'eau. « Après avoir passé, à une profondeur qu'on estime à 2 ou 300 brasses, 20, 30, et même 40 minutes, elle apparaît, précédée par un large remou qui se dessine à la surface de l'eau à mesure qu'elle s'en approche. On ne voit d'abord qu'un petit point noir émerger ; c'est le bout de son nez. Bientôt apparaît le cône graisseux où s'ouvrent les évents, puis une surface plus ou moins longue (1 ou 2 mètres à la fois) de son dos, jusqu'à ce que la queue sorte elle-même de l'eau.

« Au moment où les évents effleurent la surface de l'eau, une double colonne de vapeur blanche, plus ou moins épaisse, s'élève en forme de V, dont une branche est ordinairement moins haute que l'autre. Cette double colonne, nommée souffle, monte à plusieurs mètres dans l'air. Elle reste d'autant plus longtemps visible que l'air est plus froid, que la mer est plus clapoteuse, que le soleil est moins haut sur l'horizon et que le temps est plus couvert. Au moment où le petit nuage formé par le souffle disparaît, les évents sont déjà immergés, et pendant 30 ou 40 secondes l'animal fait route, assez près de la surface de l'eau, pour que ses formes prennent une belle teinte bleuâtre aux yeux de l'observateur, et pour qu'on puisse le suivre au remous que produit sa marche. Après un espace d'une demi à une minute au plus, le point noir reparaît de nouveau, puis les évents, puis le souffle avec la forme qu'il avait la première fois. Ce jeu alternatif de respiration et de progression à fleur d'eau dure de 8 à 10 minutes, en moyenne. Pendant ce temps, il y a eu sept à huit jets de la vapeur dont j'ai parlé; le premier est ordinairement plus épais que les suivants, qui deviennent de moins en moins longs, moins chargés d'humidité, moins visibles, jusqu'à ce qu'on arrive au dernier, qui est aussi prolongé et aussi épais que le premier. On reconnaît à ce souffle que la baleine va sonder. En effet, afin de rendre son mouvement de descente plus rapide, elle sort de l'eau un peu plus qu'à ses souffles précédents, et arrive à n'avoir plus que la queue dans l'air; elle la balance plusieurs fois d'avant en arrière et s'enfonce dans la mer, quelquefois avec une certaine vitesse, mais habituellement avec lenteur. Les pêcheurs observent avec grand soin l'inclinaison que prend cet immense gouvernail au moment de la sonde, parce qu'ils en déduisent la direction probable que suivra l'animal dans sa course sous-marine. Après 20, 30, 40 minutes, quelquefois plus, pour certaines variétés, la baleine revient à fleur d'eau, et elle commence à produire ses sept à huit souffles avec la même régularité et la même périodicité que précédemment. »

Comment les cétacés peuvent-ils rester aussi longtemps sous l'eau? On a supposé que le trou de Botal était ouvert chez eux, ce qui n'est pas plus vrai pour le cachalot et pour la baleine que pour le phoque.

De vastes plexus artériels découverts par Hunter chez le cachalot et par M. Breschet chez le marsouin, plexus dans lesquels le sang oxygéné semble tenu en réserve; d'énormes sinus cérébraux signalés par de Blainville et qui doivent fonctionner comme ces plexus; l'extrême vascularité des poches nasales qui, chez le marsouin du moins, se comporteraient, selon M. Pouchet, comme de véritables branchies; l'extraordinaire abondance du sang; enfin, la quantité de microscopiques globules d'air qu'il contient, expliquent sans doute, au moins en partie, le phénomène dont il s'agit.

Leur larynx n'a point de cordes vocales, par conséquent ils sont muets, mais ils ont entre eux d'autres modes de communications : « Ils ont des appels efficaces dans les mouvements saccadés de leur corps et leurs coups de queue sur la surface de la mer. » Leur bruit de souffle n'est pas une voix ; quant à son intensité, on peut en juger par le fait suivant :

Le 14 mars 1784, à 6 heures du matin, à Audierne, des mugissements extraordinaires parurent sortir de la mer, qui était fort grosse. On les entendit à plus de 4 kilomètres de la côte. Deux hommes qui suivaient le rivage furent épouvantés ; bientôt ils aperçurent un peu au large des animaux énormes, faisant d'inutiles efforts pour résister aux vagues qui les portaient à la côte. C'étaient de jeunes cachalots de 12 à 18 mètres de long. Ils étaient en grand nombre. Les uns après les autres vinrent échouer sur le sable.

Quoique la baleine et le cachalot soient carnassiers, la complication de leur estomac ne se peut comparer qu'à celle du même organe chez les ruminants. Le fait s'explique par l'imperfection de leur système dentaire, qui ne leur permet point de mâcher les aliments ; aussi trouve-t-on toujours intacts dans leur estomac les animaux dont ils ont fait leur dernier repas.

La gestation est beaucoup plus longue que celle des mammifères terrestres ; aussi le fœtus à terme a-t-il des dimensions considérables, même relativement. Une baleine de 20 mètres met au monde un baleineau qui n'en a pas moins de 6 à 7. Ce gigantesque nouveau-né est élevé à la mamelle.

Ils vivent le plus souvent en société. Les deux sexes ont l'un pour l'autre un vif attachement, et l'amour des petits est un des traits caractéristiques de ces espèces.

Tels sont les traits communs aux baleines et aux

cachalots. Voyons maintenant chacun d'eux en particulier.

II

LE CACHALOT

Le cachalot a une rangée de dents cylindriques ou coniques de chaque côté de la mâchoire inférieure. La supérieure n'en a pas ou n'en a que de fort petites cachées dans la gencive; mais cette mâchoire est creusée de cavités dans lesquelles se logent, lorsque la bouche est fermée, les dents de la mâchoire opposée. La tête forme la moitié et plus de la longueur totale du corps ; sa structure est des plus singulières : tout le dessus de la face et du crâne a, dans le squelette, la forme d'un vaste bassin ovalaire dont les bords, hauts de 2 mètres à la partie postérieure, s'abaissent vers l'avant, où ils deviennent nuls. Ce sont principalement les os maxillaires qui forment cette grande cavité; elle est fermée en dessus par une sorte de tente fibro-cartilagineuse, et divisée comme en deux étages par un plancher membraneux. Ces deux compartiments sont remplis d'*adipocire*, nommé aussi, mais improprement, *spermaceti* et *blanc de baleine*, et qui est une espèce d'huile qui devient blanche et solide en se refroidissant. Comme les cavités que nous venons de décrire communiquent avec des canaux, contenant également de l'adipocire, qui se distribuent dans différentes parties du corps et s'entrelacent dans le tissu sous-cutané, le cachalot

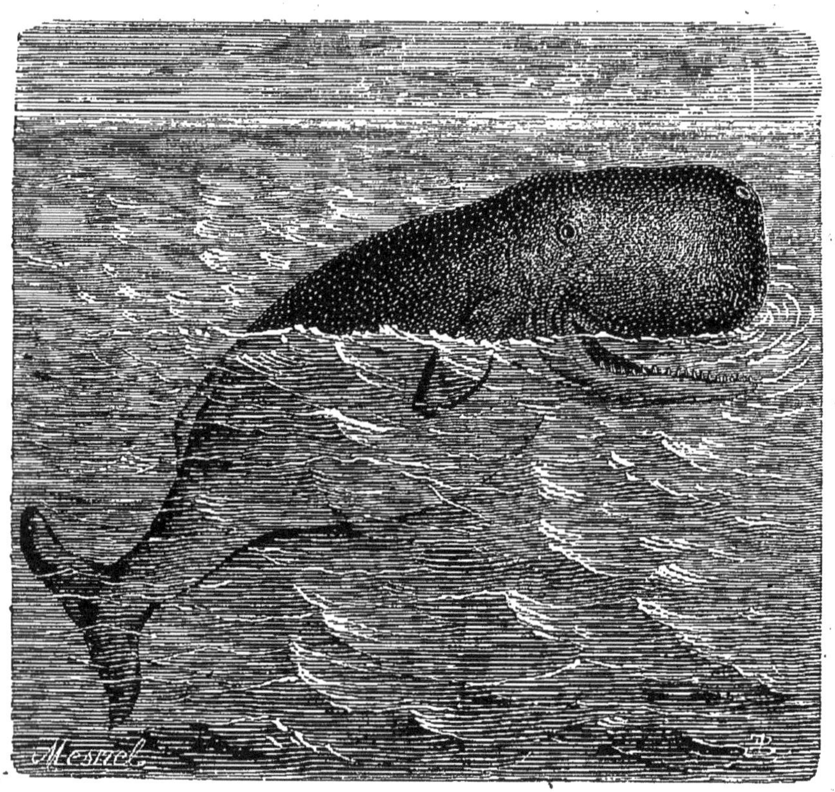

Cachalot.

fournit beaucoup plus de cette matière grasse que son réservoir céphalique n'en peut contenir. Ce réservoir se remplit à mesure qu'on le vide, et M. Quoy rapporte qu'on en a retiré 24 barils de 124 pintes chacun d'un individu long de 64 pieds.

Le canal de l'évent traverse obliquement cette

masse d'adipocire et s'ouvre un peu à gauche, près du bord supérieur du mufle. Les jets d'eau qui en sortent sont dirigés obliquement en avant. Ils sont plus élevés et plus fréquents que dans la baleine.

Outre l'adipocire, le cachalot fournit de l'huile, mais il en donne moins que la baleine, la couche de lard qui s'étend sous la peau étant moins épaisse que chez cette dernière. En échange, il fournit une troisième substance plus précieuse encore que les deux autres : l'ambre gris, qu'on trouve par masses de 1 à 15 kilogr. flottant sur la mer ou échoué sur les côtes où la mer l'a jeté. Son origine a été longtemps mystérieuse. Lemery pensait que c'était un mélange de cire et de miel altérés par le soleil et par l'eau salée. On sait qu'il est employé dans la parfumerie et la médecine. Les mahométans, qui font le pèlerinage de la Mecque, l'offrent au prophète en guise d'encens. Dans certaines régions de l'Afrique, on s'en sert pour apprêter les aliments. Swédiaur nous a fixés sur la nature de ce médicament, de ce parfum, de cet encens, de ce condiment : l'ambre gris est l'excrément du cachalot malade. C'est l'excrément endurci dans le cæcum, où les matelots vont le chercher à l'aide de fortes perches. Un pêcheur américain s'en procura de cette manière un morceau de 65 kilogr., dimension qui n'a rien de surprenant, puisque le cachalot atteint jusqu'à 35 mètres de long.

Leur nourriture se compose principalement de mollusques; les débris de mâchoires de sèches abondent dans l'ambre gris. Le cachalot passe la gueule ouverte, happe sa proie, plonge ses cinquante dents dans le corps de la victime, et presse assez fortement les mâchoires pour que les parties du poulpe qui se trouvent en dehors du périmètre de la gueule se séparent, s'échappent et flottent sur l'eau, annonçant au pêcheur la présence du cétacé. On dit qu'il poursuit les plus gros poissons, les requins même, et, parmi les mammifères, les marsouins et les phoques. Anderson rapporte qu'on a trouvé dans l'estomac de l'un d'eux des carcasses de phoques ayant 3 mètres et plus de longueur. C'est l'effroi de tous les animaux marins : on l'a surnommé le *tyran des mers*. « Sa force est immense, son appétit insatiable : s'il rencontre un ennemi, il l'affronte et ne l'abandonne que vaincu. Quand il reçoit le harpon que l'homme a dirigé contre lui, il s'avance vers l'embarcation agressive, lève la tête, ouvre la gueule, et s'apprête à broyer sous sa puissante mâchoire les hommes, le bois, les instruments de pêche, enfin tout ce qui se trouve à sa portée. Le pêcheur évite le danger en s'éloignant de la bête irritée. Il s'efface, la laisse passer furieuse et saisit le moment où il est par son travers pour lui plonger sa lance dans le poumon. Blessée et haletante de fureur, celle-ci ferme la gueule avec un bruit sinistre et fait entendre un grincement qui donne le frisson. Qui pourrait se défendre d'un moment d'effroi à la vue de cet étau vivant, à la pensée de la mort qui attendrait celui qui tomberait dans cet enfer? » On dit qu'un cachalot peut défoncer un navire en se ruant sur lui. Certains auteurs prétendent qu'il broie une barque entre ses mâchoires.

C'est surtout dans la partie équatoriale du grand Océan et de l'Atlantique qu'on les rencontre; ils y forment des bandes, des *gammes*, comme disent lés baleiniers, presque aussi nombreuses que celles des marsouins.

Le cachalot va toujours droit devant lui, debout au vent la plupart du temps, et avec une vitesse qui atteint douze et même quinze nœuds; ses séries de souffles sont au nombre de quinze, vingt, et même trente à moins d'une minute d'intervalle, et quand on aperçoit ces petits nuages paraître de moments en moments, bien loin sous le vent du navire, on doit se préparer longtemps à l'avance à mettre les pirogues à l'eau, afin de n'être pas pris au dépourvu. Comme il est resté longtemps à la surface de l'eau, le cachalot reste longtemps aussi dans ses profondeurs. Souvent, au moment d'une sonde, le pêcheur se porte vers le lieu où il présume que l'animal doit se relever, et il attend 40, 50, 60 minutes même, sans que rien vienne répondre à son attente. Il s'imagine alors que l'animal a changé de route. Il s'éloigne et regagne son navire ; mais, après un temps qu'il estime toujours, il est vrai, plus long qu'il n'est en effet, il voit enfin reparaître les souffles, qui vont se succéder pendant 30 ou 40 minutes.

II

LA BALEINE

Les baleines n'ont point de dents ; leur mâchoire supérieure, au lieu de dents, porte des *fanons*.

On nomme ainsi de grandes lames cornées de texture fibreuse, très-élastiques, à bords effilés, fixées par leur base à la mâchoire supérieure, et serrées les unes contre les autres comme les dents d'un peigne ; elles entourent la bouche d'une sorte de tamis qui en laisse sortir l'eau, mais qui retient dans son intérieur les petits êtres dont la baleine se nourrit, car ce géant fait sa proie d'animaux de la plus petite dimension. Lorsque la bouche est fermée, le bord inférieur des fanons se loge entre la langue et les branches de la mâchoire inférieure, qui sont fortement arquées en dehors.

Au printemps et en été, dans les lieux de pêche, la mer est par places colorée en rouge; on navigue quelquefois dans cette mer rouge pendant une journée entière. Sa coloration est due à une quantité innombrable de crustacés longs de $0^m,002$, larges de $0^m,0055$, semblables au homard pour la forme; ils forment des bancs de 10, 15 et 20 lieues de long, sur quelques lieues de large, et épais de 3 ou 4 mètres. C'est un des mets favoris de la baleine; un banc de ces crustacés est ce que les marins nomment la *boëte* de la baleine. Quand celle-ci arrive dans un banc de boëte, elle se met immédiatement en pêche. Pour commencer, elle abaisse ses lippes et sa mâchoire inférieure, étale bien sa langue sur le plancher intramaxillaire inférieur, et s'avance d'un mouvement lent et uniforme au milieu des infiniment petits qu'elle se dispose à engloutir. Sa bouche présente alors une ouverture antérieure de forme irrégulièrement triangulaire, arrivant entre 5, 6 ou 7 mètres carrés. A mesure qu'elle s'avance, l'eau qu'elle traverse et qui entre dans sa bouche, s'échappe latéralement par les intervalles qui séparent les fanons, mais elle s'échappe seule. La boëte s'attache aux poils des fanons ou se

Baleine franche.

colle au palais. C'est une filtration qui s'opère avec la plus grande régularité. Quand elle a parcouru un espace de 40 ou 50 mètres, elle se trouve avoir assez de boëte dans la bouche. Sans cesser sa course, elle paraît pourtant la ralentir; elle relève sa mâchoire inférieure, réapplique ses lippes sur ses fanons, et gonfle sa langue de manière à lui faire occuper toute la capacité de la bouche fermée. L'eau contenue tout à l'heure dans ce vaste entonnoir s'échappe par les interstices des fanons; la pointe de la langue ramasse par un mouvement de rotation tous les crustacés pris aux barbes intérieures, et, les réunissant en une boule grosse comme le poing, les porte à l'entrée du pharynx, où s'exécute le mouvement de déglutition qui porte ce bol alimentaire dans l'œsophage et de là dans le premier estomac. Ce dernier temps de l'opération achevé, la mâchoire s'abaisse de nouveau, les lippes s'ouvrent et la pêche recommence.

Malgré sa force prodigieuse, c'est un animal timide qui, attaqué, cherche son salut dans la fuite.

Au commencement du printemps, on rencontre des mâles isolés et qui paraissent toujours faire route. Ils sont certainement à la recherche des femelles. On les voit alors exécuter de grands mouvements : tantôt l'animal se roule plusieurs fois sur lui-même, montrant successivement ses deux pectorales ; tantôt il s'élève verticalement, du tiers, de la moitié et plus de sa longueur et se rejette sur le côté, en faisant bouillonner la mer comme un navire qui chavirerait. Ces bruits sont un appel ; bientôt de nouvelles baleines viennent se joindre à celle qui les convoque, et les mêmes jeux recommencent pour durer très-longtemps, si les pêcheurs ne les interrompent. A mesure que l'intimité s'établit entre un mâle et une femelle, le couple s'isole de la bande. Les deux époux nagent côte à côte. Si une femelle est piquée par le harpon dans les premiers jours de son union, on voit le mâle faire mille efforts pour la dégager. Il passe et repasse autour d'elle pour la délivrer de l'arme qui la blesse, il fait mine de se tourner contre l'agresseur, mais sa timidité reprenant le dessus, il s'éloigne au moindre attouchement. Pourtant il ne veut pas abandonner sa femelle, il la suit, la précède, semble vouloir l'entourer de ses nageoires, et en fin de compte, il finit souvent par être victime de son affection. A mesure que l'amour des deux époux devient moins ardent, le lien qui les unissait se relâche, et le moindre tiraillement peut le rompre.

L'amour maternel dure plus longtemps, est plus fort que l'amour conjugal. La mère soigne son petit comme une partie d'elle-même, ou plutôt beaucoup plus qu'elle-même, car elle sacrifie sa vie pour essayer de le sauver. Quand le pêcheur s'approche d'une mère et d'un jeune, il a soin de rechercher toujours le jeune, parce que celui-ci est moins agile, moins puissant, moins habitué au danger; mais la mère se place, autant qu'elle peut, entre son nourrisson et l'agresseur, elle excite son petit à fuir, en le poussant de ses ailerons et de son corps; et quand, malgré ses encouragements, malgré ses colères maternelles, l'enfant ne nage pas assez vite, elle lui passe un de ses ailerons sous le ventre, le soulève et le tenant ainsi collé contre son cou et son dos, l'emporte de toute la vitesse qu'elle peut déployer. Elle échappe souvent, emportant ainsi ses amours. Mais souvent aussi sa surveillance est mise en défaut, et son petit est atteint par le harpon; alors c'est un désespoir furieux, elle passe sous l'enfant, le soulève sur sa nageoire, cherche à l'emporter, et gémit, la pauvre mère, quand arrivée à tendre la ligne, elle voit ce cher objet de tant d'affection glisser du siége qu'elle lui avait si tendrement préparé. Elle retourne à lui, le soulève encore, essaye de le ranimer par les mille moyens qu'une mère seule invente, et reçoit elle-même le coup mortel sans avoir vu son propre danger. Elle meurt si sûrement que les baleiniers cherchent toujours à piquer le petit. Celui-ci amarré, ils tuent la mère sans lui envoyer de harpon : ils la tiennent par un lien bien plus fort que toutes les lignes de pêche possibles.

On distingue les *baleines proprement dites*, qui n'ont pas de nageoires sur le dos, des *baleinoptères* qui sont pourvus de cet organe. L'espèce la plus célèbre est la *baleine franche*, qui appartient au premier de ces groupes. Elle descendait autrefois jusque dans nos mers; on ne la trouve plus aujourd'hui que dans celle du Nord. Pendant longtemps elle a passé pour le plus grand des animaux, mais sa taille ne paraît pas excéder 26 à 27 mètres, mesure que le *rorqual*, qui est un baleinoptère, dépasse de beaucoup, mais elle est plus grosse que celui-ci. On calcule que le poids d'une baleine longue de 20 mètres seulement est d'environ 70 tonnes, et qu'il équivaut à peu près à celui de 300 bœufs gras. Sa tête forme à peu près le tiers de sa longueur. Ses mâchoires ont de $3^{m},33$ à $6^{m},66$ de large. Sa peau est noire et spongieuse, les parasites l'envahissent ordinairement. Une couche de lard d'une énorme épaisseur revêt tout son corps et donne une immense quantité d'huile. Ses fanons ont de 1 à 5 mètres, suivant la partie de la bouche qu'ils occupent. Sa force est immense; d'un seul coup de queue, elle peut lancer en l'air une chaloupe et son équipage.

IV

LA PÊCHE

« La vigie a crié : « *She blows! she blows!* » et un tressaillement frénétique a répondu à ce signal. Le navire s'arrête comme amarré au milieu de l'Océan. Les pirogues s'éloignent en effleurant à peine la mer; un espace d'un ou deux milles les sépare du but...

« Mais la baleine a sondé dans l'abîme; tout a disparu, souffle, queue, ailerons. Les rames sont levées; le matelot, appuyé sur le manche de son aviron, se repose, tout prêt à reprendre sa course. Debout à l'arrière et à l'avant, l'officier et le harponneur, le cou tendu, l'œil fixe, explorent la surface de l'eau et épient le retour du gigantesque gibier. C'est ici que l'officier se révèle : sa maladresse pourrait perdre les cinq hommes qu'il commande; son courage va les rendre heureux et fiers. Bientôt un remous huileux s'arrondit et fait tomber le clapotis soulevé par la brise; le cétacé va revenir; quelquefois un frémissement sous-marin, un ronflement analogue au bruit sourd d'un tonnerre éloigné avertit aussi le pêcheur. L'officier a jeté un coup d'œil expressif à son harponneur; un seul mot, le mot : « Attention! »

prononcé à demi-voix, la bouche presque fermée, tient l'équipage en éveil, et quelques secondes plus tard, les avirons reprenent leur rapide mouvement.

« La baleine a présenté d'abord l'extrémité de son nez noir ; puis elle effleure l'eau de ses évents, et une double colonne de vapeur s'élève et se dissout dans l'atmosphère ; elle s'avance ainsi avec un certain air de lenteur et de majesté, en partie couverte de quelques centimètres d'eau, en partie sortie de la mer et exposée aux regards. De minute en minute, elle soulève un peu la tête ; un nouveau souffle s'échappe ; après le septième ou huitième, elle montre successivement tous les points de son dos, étale sa queue, la balance et plonge pour 25 ou 30 nouvelles minutes. Le pêcheur doit tenir compte de la manière dont l'animal a incliné sa queue, pour deviner la direction qu'il a prise, de la présence de la boëte à la surface ou au fond de la mer, afin de savoir si les sondes seront plus ou moins longues, de l'isolement ou de l'existence d'un gamme, afin de modifier, ses attaques, ses feintes, ses repos, selon les besoins du moment. Par le calcul du nombre de souffles exhalés et de la distance qui le sépare encore du cétacé, il sait s'il peut le joindre avant sa sonde, ou s'il doit attendre une chance meilleure. Les manœuvres de la pirogue varient à l'infini. Ou les hommes doivent nager à toc d'aviron, ou ils doivent à peine remuer leurs rames ; souvent même on s'avance à la pagaie, selon qu'on a un petit espace à franchir ou qu'on craint de produire de trop grandes vibrations dans l'eau. Dans tous les cas, on doit accoster presque jusqu'à s'échouer sur l'animal, pour piquer solidement. On approche facilement à 15 ou 20 brasses ; mais la grande difficulté est d'arriver à 2 ou 3. Sans parler de la perspective des coups de queue et d'aileron, il y a presque toujours, au moment suprême, un peu d'hésitation ; on craint d'être entendu, on attend une chance meilleure ; on choisit avec anxiété l'organe que le harpon doit le mieux traverser ; on lève le bras, et quand le trait va partir, la baleine se laisse couler, la mer se ferme sur elle et cache son trésor aux yeux du pêcheur désappointé.

« Quand la pirogue est si près de l'animal qu'il ne peut plus fuir, le harponneur, debout, la cuisse engagée dans l'échancrure du gaillard d'avant, a saisi son harpon à deux mains : la gauche, allongée en avant, empoigne presque la douille, et la droite, relevée, soutient la partie moyenne du manche. L'officier, seul juge de l'opportunité du moment, crie : « Pique ! » L'arme vibre, traverse l'espace, pénètre dans le lard et va se fixer dans les parties charnues et tendineuses. La baleine frémit et paraît se rapetisser sous le coup, excitée par la douleur, elle s'apprête à fuir; empêchée par le trait qu'elle porte dans ses chairs, elle hésite d'abord, si bien que le harponneur tant soit peu habile, peut lui envoyer un second harpon : en tout cas, au bout de quelques minutes, elle sonde. L'officier change alors de place et va prendre son port d'action. Jusque-là il a commandé les manœuvres, maintenant il va agir lui-même : à lui le droit et le devoir de tuer l'animal.

« La ligne se déroule et sort de la baille avec une éblouissante rapidité. Déjà plus de 200 brasses sont à la mer et l'animal sonde toujours. La force d'immersion est si grande, que si une coque fait obstacle au mouvement, la pirogue peut sombrer ; on a vu aussi la ligne prendre, en se déroulant, un homme par un bras, par une jambe, par le corps même, l'entraîner dans la mer, et ne le laisser remonter qu'alors que la partie saisie avait été coupée par le frottement. On pourrait difficilement se faire idée du sang-froid que réclament ces premières manœuvres. C'est ici surtout que l'équipage doit obéir aveuglément ; il ne peut être qu'une machine à nager et à scier ; il y va du salut de tous. Dans ces moments solennels, la peur s'empare de certains matelots : sitôt la baleine amarrée, ils deviennent d'une pâleur livide ; leur tête se perd ; ils ne voient rien, n'entendent rien, et ne sauraient désormais obéir à aucun commandement.

Baleine harponnée.

« Le vrai baleinier ne connaît pas la peur ; il brave la mort, mais avec circonspection. Quand l'animal se relève de la première sonde, l'officier embraque sur la ligne, se rapproche avec défiance, sans précipitation, même avec une apparente lenteur. Que de difficultés, et que de temps, parfois, pour envoyer le premier coup de lance! Pourtant, ce n'est pas un, mais dix, vingt et plus, qu'il faudra pour déterminer la mort, et encore à la condition qu'ils porteront dans des lieux d'élection. Si une blessure mortelle n'est pas infligée dans le premier quart d'heure, la baleine revient de son épouvante, reprend ses sens et fuit, entraînant son ennemi après elle : alors alternent des sondes prolongées et de rapides courses dans le vent. La pirogue, emportée comme une flèche, passe à travers les lames comme entre deux murailles de vapeur ; en vain deux ou trois embarcations, jetant leurs bosses à celle qui est amarrée, viennent se faire remorquer et augmenter le fardeau traîné ; la course générale n'en est pas sensiblement ralentie.

« Cette phase du combat commande une manœuvre nouvelle, plus difficile et plus dangereuse que celles qui l'ont précédée. Armé d'un louchet ou pelle tranchante, le baleiner attend que le cétacé élève sa queue de quelques mètres au-dessus de l'eau, et, se halant jusque sous cet organe formidable, il lance son louchet au niveau des dernières vertèbres caudales. S'il divise l'artère et les tendons, le sang jaillit à flots et la mobilité diminue dans une grande proportion. Grâce aussi à cette attaque par derrière, la baleine change souvent de route ; la pirogue se trouve par son travers, et le service de la lance peut recommencer. Il serait impossible de peindre toutes les ruses, toutes les furieuses attaques, toutes les fatigues et enfin toutes les charges à outrance de l'homme contre cette masse vivante, dont un seul coup d'aileron briserait toutes les pirogues d'un navire. Quand l'occasion le permet, une autre pirogue s'amarre en second, afin d'enlever au cétacé plus de chance de fuite et d'arriver au résultat final. A chaque coup, l'animal pousse des soufflements rauques et métalliques qu'on peut entendre de plusieurs milles de distance; le souffle est blanc, épais, chargé de beaucoup d'eau pulvérisée, et s'élève à une grande hauteur, jusqu'à ce qu'après un coup plus heureux, deux colonnes de sang s'échappent des évents, s'élèvent dans l'air et, dans leur chute, rougissent la mer sur une large surface : à partir de ce moment, la baleine est considérée comme morte. Quelquefois la mort vient aussitôt après l'apparition du sang dans le souffle ; mais le plus souvent la vie se prolonge encore une ou plusieurs heures : cette circonstance est regardée comme favorable, en ce que la grande perte du sang prépare, pour la suite, un corps spécifiquement plus léger et flottant mieux. Pourtant, l'animal peut encore être perdu, si l'éloignement, la nuit, ou l'état de la mer, ne permettent pas au navire de le suivre. A l'approche de la mort, la pauvre baleine rassemble ce qui lui reste de force, et dans une fuite désordonnée, sans but, sans conscience du danger, elle nage, nage, renversant tout ce qu'elle rencontre sur son passage : elle ne voit rien, se jette à l'aventure sur les pirogues, sur les autres baleines, sur un rocher ou sur la plage. Bientôt un frisson général s'empare de son corps ; ses convulsions font blanchir et bouillir la mer : on dit alors, suivant l'expression pittoresque des marins, *qu'elle fleurit*. Enfin, elle soulève une dernière fois la tête, une dernière fois elle cherche le soleil, et meurt. Devenue désormais corps inerte, elle se renverse et flotte, le dos en bas, le ventre à fleur d'eau, la tête un peu plongeante.

« Aussitôt que le cétacé est mort, les pirogues s'en approchent, l'amarrent et le remorquent jusqu'au bâtiment, aux flancs duquel on l'attache pour le dépecer, opération qui se fait aujourd'hui en quatre heures. On procède ensuite à la fonte du lard, après quoi le navire reprend la pêche jusqu'à ce que son chargement soit complet ou qu'il n'ait plus d'espoir de l'augmenter[1]. »

[1] Docteur Thiercelin, ouvrage cité.

V

PERFECTIONNEMENT DE LA PÊCHE

L'abandon où est réduite, en France, la pêche des cétacés, a deux causes principales : la rareté de la baleine franche et l'imperfection de l'armement.

Ces deux causes ne sont pas irremédiables. Preuve : la situation de cette grande industrie aux États-Unis.

Déchirée par la guerre civile, la république américaine entretenait encore plus de trois cents bâtiments pêcheurs dans le nord du Pacifique et dans les archipels de l'Océanie. Combien pouvions-nous lui en opposer ? Trois !

Des causes susdites, celle qu'on a mentionnée en premier lieu commande l'autre. Avec un armement plus imparfait encore que celui de nos pêcheurs, les anciens baleiniers ont réalisé des profits considérables. Confiante et nombreuse, la baleine se laissait plus facilement approcher qu'aujourd'hui et, après une occasion manquée, une occasion nouvelle se rencontrait bientôt, ce qui n'a plus lieu. L'outillage n'a paru insuffisant que du jour où la baleine franche est devenue méfiante et rare.

M. le docteur Thiercelin raconte une campagne faite dans la baie de Chesterfield par deux navires français, le *Gustave* et le *Winslow*, qui avaient associé leurs efforts. Sur dix-sept baleines piquées, trois furent tuées ; sur trois baleines tuées, deux furent prises.

Le harpon aujourd'hui employé ne diffère qu'en deux points de celui dont les Basques se servaient il y a quatre cents ans : 1° sa lame est moins large. ce qui fait qu'il pénètre plus aisément dans la chair ; 2° il est à bascule, c'est-à-dire que, dès que le coup a porté, le manche se met à angle droit avec la tige, ce qui permet de s'amarrer plus solidement.

Il se lance comme autrefois à la main et on ne peut l'envoyer à plus de 5 ou 6 brasses (8m,1 à 9m,7). Trop rarement pénètre-t-il à la profondeur voulue. « Sur cinq ou six baleines piquées, il arrive souvent qu'une seule se trouve bien amarrée. » Quand, par suite d'un faux jugement sur la distance, par maladresse ou par frayeur, le harponneur a mal piqué, la baleine, par une vive contraction de ses peaussiers, se débarrasse promptement de l'arme qui l'a blessée ; aussitôt libre, elle part dans le vent, et c'est en vain qu'on voudrait la poursuivre ; on la perd de vue après quinze ou vingt minutes ; elle entraîne même le plus souvent toutes ses compagnes et devient plus difficile à accoster.

Le harpon s'est-il solidement fixé dans les chairs de l'animal, alors commence cette fuite effrénée avec alternative de sondes et de souffles. Ici se place une invention américaine qui est le seul perfectionnement notable apporté depuis les Basques à l'armement du pêcheur. Naguère, la baleine harponnée était attaquée à coups de lance; les Américains ont remplacé la lance par ce qu'ils nomment la *bombe-lance*, projectile explosif envoyé par un fusil qui porte juste à la distance de 15 à 30 brasse (24 à 48 mètres).

Cette bombe est un tube en fonte aigre de 3 à 4 décimètres de long et d'un diamètre de 2 à 3 centimètres, rempli de poudre de chasse (100 grammes environ) et terminé, en avant, par une pyramide triangulaire, à faces évidées, aux angles tranchants et à pointe très-aiguë; en arrière, par un tube plus étroit contenant une mèche. On verse dans le fusil une quantité déterminée de poudre, on recouvre celle-ci d'une bourre percée en son milieu et, par-dessus la bourre, on place la bombe-lance, de manière que la mèche touche la bourre. La pointe du projectile dépasse de 1 à 2 centimètres l'extrémité du canon.

Tel est l'outil. Voici la manière de s'en servir.

La baleine étant amarrée au moyen du harpon lancé à la main, on se hale sur la ligne, de manière à se trouver, autant que possible, par le travers de l'animal au moment où il montre une partie notable de son corps. Si le coup est heureux, la bombe pénètre dans les parties charnues, portant avec elle la mèche allumée par l'explosion du fusil. Quelques secondes après, un bruit sourd se fait entendre. Le cétacé fait un soubresaut violent et meurt presque instantanément *si l'explosion a eu lieu au milieu du poumon.*

Mais ce n'est pas ordinairement le cas. Qu'on se représente le chasseur debout sur l'avant d'une pirogue ballottée par la lame et par la traction de la baleine; qu'on se rappelle combien est rapide (1 à 2 secondes) l'instant pendant lequel l'animal peut être accosté; qu'on ait égard enfin à l'émotion inséparable d'une pareille situation, et l'on comprendra que le lieu d'élection n'est pas souvent atteint. M. Thiercelin nous montre, durant la campagne dont il a été question plus haut, une baleine amarrée par la troisième pirogue du *Gustave.* Cette pirogue était commandée par un baleinier expérimenté et ardent. Il tire sur l'animal trois coups de fusil; un seul porte. La baleine, malgré ses blessures, gagna la passe. On dut couper la ligne; c'était à recommencer. Atteint partout ailleurs que dans le tissu pulmonaire, et la bombe eût-elle produit les plus graves désordres dans l'abdomen ou fracturé les os de la tête, ou déchiré les lobes de la queue, l'animal ne meurt pas de suite, si tant est qu'il meure. « Le temps se passe, la nuit vient, il faut souvent couper la ligne et tout est perdu. »

D'ailleurs, l'emploi de la bombe-lance ne dispense pas de la première attaque par le harpon. Ce perfectionnement, si important qu'il soit, est donc loin d'avoir remédié aux inconvénients et à l'insuffisance de l'armement des baleiniers.

Mais cela n'empêche pas les Américains d'envoyer chaque année des centaines de bâtiments à la pêche des cétacés, et de réaliser, par ce moyen, des fortunes colossales et rapides. Pourquoi ? Pour deux raisons principales, dont la première est que la baleine franche devenant de plus en plus rare et farouche, les Américains se sont adonnés à la poursuite d'un autre gibier.

La baleine franche, en effet, n'est pas le seul cétacé à fanons qui puisse donner des produits, et les cétacés à fanons ne sont pas les seuls (même le cachalot mis à part) qui méritent d'être chassés.

Cuvier a classé près des cétacés souffleurs, et de Blainville a rapproché des éléphants un groupe d'animaux qui ont, avec les cétacés proprement dits (dauphin, cachalot, baleine, etc.), une grande analogie de forme et d'organisation, mais qui s'en distinguent, entre autres traits, par l'absence d'évents, leurs narines s'ouvrant non point à la partie supérieure de la tête, mais à l'extrémité du museau.

Ce sont les *cétacés herbivores* des naturalistes, les *tritons* et les *sirènes* des anciens, les *hommes-marins* et les *poissons-femmes* des modernes.

Leur lèvre ombragée de longs poils, leurs mamelles pectorales, l'habitude qu'ils ont d'élever la partie antérieure de leur corps verticalement au-dessus de l'eau, l'adresse avec laquelle ils se servent de leurs nageoires comme de bras pour porter leurs petits : ces traits grossiers de ressemblance avec l'homme leur ont valu l'honneur d'être considérés, par des gens qui n'y regardaient pas de près, comme les ancêtres aquatiques de notre espèce. Ils sont herbivores, ne s'écartent pas beaucoup des côtes, fréquentent principalement l'embouchure des fleuves, les remontent quelquefois, viennent souvent à terre, rampant et s'aidant de leurs membres antérieurs plus flexibles que ceux des autres cétacés, vivent par troupes, montrent de l'attachement les uns pour les autres et se laissent assez facilement approcher. Tels sont : le *lamantin* (ainsi nommé à cause de la ressemblance de ses nageoires avec des mains) et le *dugong*, dont la tête a quelques rapports avec celle d'un éléphant dont on aurait coupé la trompe.

Jadis, Dieppe et Dunkerque équipaient des bâtiments qui allaient pêcher le lamantin dans la rivière des Amazones. Ce que nous faisions autrefois, les Américains le font aujourd'hui ; cette importante innovation n'est que le rétablissement d'une ancienne pratique. Leurs premières expéditions dans les mers du Sud furent dirigées contre les cétacés herbivores; elles eurent pour théâtre les îles et les côtes les plus désertes des régions australes. Ils ne s'en tinrent pas là. Sur le banc du Brésil, à Tristan, vers la côte d'Afrique, vivait en grandes troupes une baleine moins grosse que celle du Nord ; les Américains pensèrent que le nombre des individus compensait leur petitesse relative. Ils s'adonnèrent à la poursuite de cette espèce, et c'est ainsi que furent édifiées les grandes fortunes dont il a été question.

Nous avons dit que leur succès a une autre cause. Celle-ci réside dans la durée de leurs expéditions. Aussitôt que leur chargement est complet, les baleinières se rendent dans un port voisin des lieux de pêche, y déposent l'huile, prennent de nouveaux fûts et des provisions fraîches et retournent vite à l'œuvre. Des navires partis du port d'armement ont apporté ces ustensiles et ces vivres ; ils emportent les produits de la pêche ; deux fois par an ils font ce voyage. Des pêcheurs ont pu, grâce à cette combinaison, rester cinq ou six ans dehors et rentrer avec une vraie fortune.

M. Thiercelin ne paraît pas croire que cette combinaison soit aisément réalisable avec des équipages français, moins patients, à ce qu'il paraît, moins persévérants, plus exigeants en fait de bien-être matériel que les équipages américains. Je ne fais qu'indiquer ce point, n'ayant pas d'éléments d'appréciation. Je ne puis cependant m'empêcher de dire que nos matelots mériteraient probablement moins le reproche qu'on leur fait si les armateurs n'avaient encouru celui que M. Thiercelin leur adresse de n'avoir pas su partager les bénéfices équitablement entre les capitalistes et les travailleurs.

J'insisterai au contraire sur les perfectionnements possibles de l'armement, les progrès réalisables dans cette direction étant probablement à notre portée.

Ce point a été l'objet des recherches de M. Thiercelin. L'innovation qu'il propose est toute une révolution. Après en avoir poussé l'étude aussi loin que faire se pouvait dans le laboratoire, il a voulu en diriger lui-même l'expérimentation, précaution qui n'avait rien d'excessif; car telle est dans cette industrie la puissance de la routine, qu'on a vu des baleiniers, chargés d'essayer de nouveaux engins de pêche, les rapporter sans les avoir dépaquetés. M. Thiercelin s'embarqua donc, le 7 avril 1863, à bord du baleinier *le Gustave*, qu'un jeune négociant du Havre, M. Émile Boissière, jaloux de faciliter l'essai du nouveau procédé, n'avait pas craint d'équiper au moment même où nos armateurs s'accordaient à considérer la pêche de la baleine comme une industrie morte.

L'auteur du *Journal du baleinier* s'est attaché à rendre pratique une idée déjà ancienne. Il propose d'empoisonner la baleine. D'autres avant lui l'ont proposé. On avait recommandé l'acide prussique; il a été essayé; un journal a même rapporté, il y a cinq ou six ans, qu'une baleine atteinte par un projectile plein d'acide prussique était morte foudroyée. Cela n'a pas empêché les pêcheurs de s'en tenir au procédé ordinaire, et, cette fois, ils ont bien fait, pour plusieurs raisons dont l'une suffira : l'instabilité de l'acide prussique, qui est telle, que plusieurs jours après avoir été préparé, ce poison si énergique peut être transformé en un corps complétement inerte. L'acide prussique ne vaut donc rien. Quant à l'idée de l'intoxication, c'est autre chose. Qu'on trouve un agent stable, non dangereux pour le pêcheur, assez actif pour tuer en peu de minutes, et que le projectile contenant la substance toxique, puisse, comme la bombe-lance, être envoyé par une arme à feu : quelle simplification ! L'animal devant mourir promptement, l'amarrage est désormais inutile et c'est la partie la plus difficile de la pêche; l'amarrage supprimé rend l'emploi du fusil bien plus facile ; le poison opérant en quelque endroit du corps qu'il soit mis en contact avec une surface saignante, et tous les points du corps devenant lieux d'élection, une grande précision de tir n'est plus nécessaire ; enfin comme l'attaque peut se faire de loin, il est clair que les difficultés créées par la rareté et la méfiance des baleines sont fort amoindries.

Pendant plusieurs années, aidé des conseils de M. Wurtz, notre auteur se livra, dans le laboratoire de la Faculté de médecine, à des recherches comparatives sur la valeur de quelques poisons solides choisis parmi les plus énergiques. Enfin son choix se fixa sur un mélange du plus soluble des sels de strychnine avec un vingtième de curare. A la dose de 5 ou 10 milligrammes pour chaque kilogramme de l'animal empoisonné, ce mélange tue les quadrupèdes dans l'espace de 10 à 15 minutes. Ainsi pour un chien de 10 kilogrammes : 5 milligrammes ; pour un cheval de 200 kilogrammes : 10 centigrammes. Il faudrait donc 40 grammes pour une baleine de 80,000 kilogrammes.

Le poison trouvé, restait à le mettre en contact avec la surface absorbante la plus large possible. Pour cela, M. Thiercelin a recours à la bombe-lance. Il met la cartouche pleine de poison dans le tube plein de poudre ; la charge de poudre se trouve réduite à 60 grammes, mais c'est plus qu'il n'en faut pour produire la rupture du tube et déchirer les tissus de la bête.

On se garda bien de dire aux matelots du *Gustave* qu'ils allaient tremper dans une innovation. Il avait été convenu entre M. Thiercelin et le capitaine du baleinier que l'on n'enverrait les bombes empoisonnées qu'après l'amarrage au harpon, comme des bombes ordinaires. « De cette manière, écrit M. Thiercelin, l'équipage ignorerait même qu'il y eût un poison en jeu, et une fois la baleine morte, nous n'aurions pas à craindre les répugnances qui avaient déjà arrêté à plusieurs reprises des expériences analogues. Mais ce parti n'était pas sans inconvénients.

« Si on compare en effet les mouvements lents, presque réguliers, d'une baleine qui ignore le danger, aux soubresauts violents, saccadés, furieux de celle qui vient de recevoir un harpon et cherche à fuir, on concevra de suite combien l'envoi de la bombe-lance est facile dans le premier cas et combien il devient difficile dans l'autre. Au moment où la pirogue est entraînée dans la course de l'animal furieux, ballottée en tous sens par ses ricochets, ses sauts, ses bonds au-dessus de l'eau, l'officier n'a certes pas un grand loisir pour prendre à la main une arme lourde, l'épauler convenablement, viser juste et tirer à temps. Si encore il n'avait que cela à faire ! mais il lui faut éviter la baleine quand elle revient sur le boat, filer la ligne quand elle sonde, embraquer quand elle court, etc., etc., car c'est lui qui veille au salut commun, qui souvent y travaille seul ; les matelots conservent bien juste assez de sang-froid pour nager d'après son commandement. »

Aussi qu'arriva-t-il ? C'est que les premières bombes empoisonnées firent toutes explosion dans l'air ou dans l'eau. M. Thiercelin, craignant que ses cartouches ne fussent jusqu'à la dernière consommées en pure perte, essaya d'amener le capitaine à commencer l'attaque par l'envoi des projectiles. Le capitaine parut goûter ce conseil et... défendit à ses officiers de rien changer à leur manière de faire. De sorte que la poudre continua de s'en aller au vent, comme le poison de s'en aller à l'eau.

« A la fin cependant, la fortune se lassa de m'être contraire, et deux faits, aussi évidents que possible, prouvèrent que je n'avais pas trop présumé des procédés que je conseillais. Une baleine piquée par un boat du *Winslow* était amarrée depuis quelque temps déjà, et rien ne faisait présumer que la lutte fût sur le point de finir. L'animal encore plein de vigueur nageait dans l'est et atteignait la passe où on allait être contraint de couper la ligne et de l'abandonner. A ce moment,

M. Jamet qui se trouvait par le travers de la baleine, à 15 ou 20 brasses, lui envoya une bombe empoisonnée dans l'abdomen. Cinq minutes plus tard, le cétacé étendait une de ses pectorales au-dessus de l'eau et cessait de faire le moindre mouvement. Après cinq autres minutes il mourait. »

Amenée à bord, dépecée et fondue, cette baleine ne donna lieu à aucun accident parmi les hommes qui se livrèrent à ce travail, « travail qu'ils auraient refusé de faire s'ils avaient connu la véritable cause de la mort de l'animal. » Aussi s'étonnèrent-ils grandement de la subite cessation de ses mouvements.

Le second fait est plus concluant encore.

Une baleine avait été harponnée, les officiers des deux navires lui lancèrent plusieurs bombes qui toutes portèrent ou trop haut ou trop bas, si bien même qu'on finit par renoncer à l'emploi du fusil et qu'on la tua à coups de lance. Mais le sort voulut qu'une de ces bombes perdues allât frapper dans l'abdomen, en un point très-rapproché de la queue, une baleine qu'on ne visait pas.

« L'animal s'éloigna rapidement, soufflant avec force et frappant violemment la mer de sa nageoire caudale. Les baleiniers, persuadés qu'elle n'était que légèrement blessée, ne s'en préoccupèrent point. Cependant le hasard m'avait cette fois servi à souhait. Il venait donner une preuve irréfragable en faveur de mon procédé. La baleine s'éloigna rapidement pendant cinq minutes, puis elle étendit une de ses nageoires pectorales, comme avait fait la première, et continua sa course avec la vitesse acquise, mais sans remuer aucun de ses organes moteurs. Six minutes s'écoulèrent à peine dans cette immobilité relative, et un boat vint lui envoyer un harpon quand elle était déjà morte. »

Ces faits ont été racontés par M. Thiercelin dans le *Journal d'un baleinier*, il en a depuis fait connaître d'autres dans une note adressée à l'Académie des sciences. Nous allons les résumer.

Le 5 décembre 1863, sur les côtes d'Australie, une baleine d'une espèce qu'on n'a pas pêchée jusqu'ici, une *jubarte* (baleine à aileron dorsal), est atteinte à son tour par une bombe empoisonnée : frémissement général qui dure deux minutes, puis pendant deux minutes encore, mouvement de progression automatique, après quoi l'animal chavire, se renverse et coule.

Le 10 mai 1864, en vue des îles Kouriles, c'est encore une jubarte qui sert de point de mire ; elle meurt en quatre ou cinq minutes.

Le 10 août, dans la mer d'Ochotsk, une baleine polaire est frappée et meurt par 15 brasses d'eau, sans qu'on ait constaté aucun mouvement.

Le 2 février 1865, dans la baie de Sainte-Marguerite (Basse-Californie), une baleine noueuse, de la variété que les Anglais nomment *Gray-Back*, ayant reçu une bombe, meurt pour ainsi dire sur le coup. Elle coule par 10 brasses d'eau assez claire pour qu'on puisse s'assurer qu'elle ne fait aucun mouvement.

Abrégeons : le 28 du même mois, le 1er mars, le 7 juillet et le 6 septembre, dans la baie susdite et dans la mer de Behring, quatre baleines, dont deux polaires, atteintes à leur tour par la bombe empoisonnée, meurent : trois en dix minutes, une en dix-huit minutes, trois après quelques convulsions, une sans faire aucun mouvement.

Les observations sont donc jusqu'ici au nombre de dix. On les jugera sans doute décisives. Loin que les cétacés se montrent rebelles à l'action du poison, ils paraissent être plus sensibles à son action que les mammifères terrestres ; il y aura donc lieu dans la pratique de diminuer la dose de l'agent toxique, afin de provoquer une mort moins rapide.

Le temps écoulé entre celle-ci et l'instant de la pénétration de la bombe est, comme on voit, très-variable ; la mort a été pour ainsi dire instantanée dans un cas, elle s'est fait attendre dix-huit minutes dans un autre ; le plus souvent elle est survenue dans l'espace de quatre à dix minutes. Ces différences sont dues probablement à ce que, selon que la bombe se brise plus ou moins complétement, le poison est répandu sur une surface saignante plus ou moins considérable. L'influence de la dissémination est mise en relief par quelques-unes des expériences que M. Thiercelin a faites à la Faculté de médecine. Il lui arriva de déposer dans une plaie étroite une dose de poison double de celle qui, en contact avec une surface plus grande, suffit pour donner la mort ; l'animal, après une suite d'accès tétaniques, revient à la santé.

Des dix baleines empoisonnées, deux (les jubartes) étaient de celles qu'on ne pêche pas, pour la seule raison qu'on ne les a jamais pêchées. Pleins de respect pour la routine, les baleiniers abandonnèrent aux carnassiers marins les cadavres des deux géants. Deux autres baleines furent perdues par suite de fortunes de pêche indépendantes de la nouvelle méthode. Les six autres furent fondues, donnèrent leur huile et leurs fanons. Des hommes qui avaient aux mains des écorchures et mêmes des plaies récentes les touchèrent sans éprouver le moindre accident.

Qu'on compare les effets de la bombe empoisonnée à ceux de la lance et de la bombe ordinaire, on ne pourra nier la supériorité de la nouvelle méthode. Espérons que cette méthode ne tardera pas trop à se répandre, et que, grâce à elle, la pêche de la baleine, à peu près abandonnée par nos marins, prendra chez nous un nouvel essor.

Baleines prenant leurs ébats.

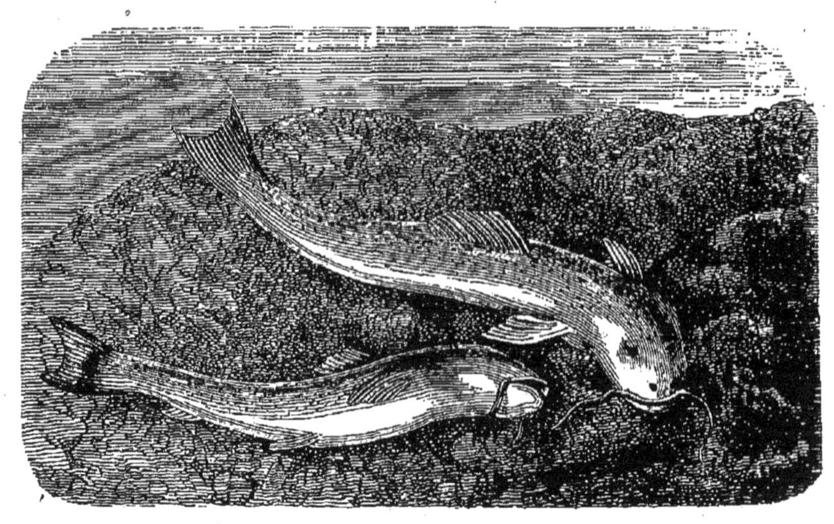

IV

DE QUELQUES PÊCHES EXCENTRIQUES

I

POISSONS VOLCANIQUES

Quand les commotions qui précèdent les éruptions ignées dans la chaîne des Andes ont ébranlé fortement toute la masse des volcans, les gouffres souterrains s'entr'ouvrent et vomissent à la fois de l'eau, du tuf argileux et une quantité innombrable de poissons.

C'est ce qui arriva lorsque la cime du Garguaraijo, montagne haute de 6,000 mètres, s'écroula :

dans un rayon de deux lieues, les campagnes environnantes furent couvertes de boue et de poissons. Une fièvre pernicieuse, qui sept ans auparavant avait désolé la ville d'Hurra, est attribuée à une semblable éruption du volcan d'Imbaburu.

Le Cotopaxi, le Tangurahua et le Sangay vomissent également des poissons, quelquefois par les cratères qui les couronnent, quelquefois par des fentes latérales. Les Indiens assurent que ces animaux descendent encore vivants la pente de la montagne. Ce qu'il y a de certain, c'est que, dans la prodigieuse quantité de poissons que rejette le Cotopaxi, au milieu de torrents d'eau douce et froide, il y en a très-peu qui soient assez défigurés pour qu'on puisse croire qu'ils ont été exposés à l'action d'une forte chaleur.

M. J. Girardin explique ainsi ce fait singulier.

Pendant l'intervalle de deux éruptions consécutives, intervalle qui est souvent de plus d'un siècle, le cratère de ses volcans se ferme, et le fond forme bientôt une véritable plaine ; c'est ce que montre ordinairement le Vésuve.

Avec le temps, cette plaine se convertit en lac, et d'autant plus facilement que, loin d'être comme nos volcans d'Europe de petites montagnes isolées, les volcans des Andes forment une chaîne non interrompue, de sorte que non-seulement les eaux pluviales se rassemblent dans les profondes cavités des cratères, mais qu'encore des réceptacles éloignés peuvent y verser leur contenu par des canaux souterrains.

Par ces canaux arrivent en même temps des poissons qui se multiplient dans le nouveau lac. Quand enfin, après un nombre d'années plus ou moins grand, un volcan redevient actif, le premier résultat du mouvement intestin est de soulever le fond du cratère et de le projeter au loin avec tout ce qu'il supporte, c'est-à-dire avec l'eau du lac et les animaux qui l'habitent.

Les poissons vomis par les volcans d'Amérique sont identiques à ceux qu'on trouve dans les ruisseaux au pied des montagnes. Les habitants du pays les nomment *prennadillas* ; ils appartiennent au genre *silure*.

II

POISSONS ARTÉSIENS

Plusieurs des puits forés par nos soldats dans le Sahara algérien se comportent exactement de même que les volcans dont il vient d'être question. Quand jaillirent les eaux du puits d'Aïn-Tala, dont la profondeur est de 44 mètres, le capitaine Ziekel aperçut de petits poissons qui se débattaient sur le sable rejeté par l'orifice du puits.

M. Charles Martins rapporte en avoir vu lui-même dans le canal d'écoulement de plusieurs puits et dans quelques fontaines artésiennes naturelles. Les plus grands de ces poissons, si singulièrement pêchés, ne dépassent pas 0^{m},04 de longueur.

Ce sont des malacoptérygiens ; ils ressemblent à nos ablettes. Le mâle se distingue de la femelle par des barres transversales ; aussi quelques auteurs en ont-ils fait une espèce distincte. Quoique ces petits êtres passent une partie de leur vie dans l'obscurité, leurs yeux sont très-bien conformés.

Le fait observé dans le Sahara n'est pas sans précédents. M. Ayme, gouverneur des oasis de Thèbes et de Garbes, en Égypte, écrivait, en 1849, à MM. Degousée et Charles Laurent, qu'un puits artésien de 105 mètres de profondeur, qu'il avait nettoyé, lui fournissait pour sa table des poissons provenant probablement du Nil ; et, en effet, le sable extrait de ce puits était identique à celui du fleuve.

Pluie de poissons en Transylvanie (Nicolasburg).

III

POISSONS MÉTÉORIQUES

D'autres fois c'est du ciel que les fritures descendent.

Pluie de poissons.

M. Vital Masson, curé d'une commune de la Loire-Inférieure, a vu tomber, en 1820, pendant une pluie d'orage, une infinité de poissons ayant environ 0^{m},02 de longueur.

Dans la même année et dans le même département, on trouva, aux environs de Nantes et sur une étendue de 400 pas, la terre couverte de poissons longs de $0^{m},03$.

On a constaté en Écosse une pluie de harengs.

En 1858, pendant une nuit des plus orageuses, des milliers de poisson ayant jusqu'à $0^{m},1$ de long, tombèrent dans les rues de Klausenbourg, en Transylvanie.

Nous pourrions multiplier les faits de ce genre. Ils n'ont rien de bien extraordinaire. On a des exemples de pièces d'eau mises à sec par des trombes; on conçoit aisément que des poissons puissent être portés de cette manière dans l'atmosphère; qu'ils soient ensuite précipités à terre, c'est tout simple.

Poissons sortis d'un puits en Égypte.

Le rémora ou reversus.

V

LES AUXILIAIRES DE LA PÊCHE

I

L'ECHENEIS

I. — LA TRADITION

L'*echeneis* ou le *rémora* est un des poissons sur lesquels on a débité le plus de fables, et un de ceux dont l'histoire pouvait le mieux se passer d'enjolivement.

« C'est, dit Pline, un petit poisson accoutumé à vivre au milieu des rochers, qui s'attache à la carène des vaisseaux et en retarde la marche, qui sert à composer des poisons capables d'éteindre les feux de l'amour, qui, doué d'une puissance bien plus étonnante et agissant par une faculté morale, arrête l'action de la justice et la marche des tribunaux, et, d'un autre côté, délivre les femmes enceintes des accidents qui pourraient trop hâter la naissance de leurs enfants, et qui, conservé dans le sel, suffit, par son approche, pour retirer du fond des puits l'or qui peut y être tombé, etc. »

C'est le rémora qui, à la bataille d'Actium, au moment où Antoine parcourait les rangs de sa flotte, s'attachant à la galère montée par ce général, et la retardant dans sa marche quoique le vent lui fût propice, détermina la défaite du compétiteur d'Octave et le triomphe de ce dernier.

Lorsque Caius Caligula revenait d'Asture à Antium, c'est encore le rémora qui retint en arrière de toute la flotte le vaisseau à cinq rangs de rames qui portait l'empereur. Des matelots, s'étant jetés à la mer pour voir ce qui entravait la marche du navire, trouvèrent un rémora collé au gouvernail; un grand nombre d'autres étaient attachés à la quille. On en porta un à Caligula, qui fut fort indigné qu'un si petit animal paralysât à lui seul les forces de 400 rameurs.

Une galère envoyée par Périandre, tyran de Corinthe, portait à Corcyre l'ordre d'immoler trois cents enfants nés dans cette ville. Malgré un vent favorable, le navire restait presque immobile; un grand nombre de rémoras, unissant leurs efforts, produisaient ce résultat. On honorait à Cnide, dans le temple de Vénus, les poissons qui avaient opéré cette merveille et accompli cette bonne action.

Tels sont les récits débités par les anciens. Le sage Aristote s'est gardé de toutes ces folies; mais Pline s'y complaît; il en est de même d'Élien. Oppien décrit l'épouvante des marins, dont le navire est tout à coup arrêté par ce poisson miraculeux.

De là les noms d'echeneis ou rémora, qui tous deux signifient la même chose, l'un en grec, l'autre en latin : c'est-à-dire *arrête-nef*.

II. — LA VÉRITÉ

Inutile de déclarer que ce petit animal n'arrête point les navires, mais il est vrai qu'il s'attache à eux. Il s'y attache pour se reposer, étant dépourvu de vessie natatoire, et pour se faire transporter sans dépense de force à des distances plus ou moins considérables. Il s'attache de même à toutes sortes de corps fixes ou flottants, aux rochers, à un tronc d'arbre ballotté par les flots ou entraîné par des courants, à des êtres vivants tels que les tortues et les requins. Si l'on en trouve surtout autour des navires, c'est qu'ils se nourrissent volontiers des débris de cuisine et de résidus moins relevés encore qui en tombent, et c'est pourquoi les Hollandais les nomment *poissons d'ordures*.

Mais comment les rémoras s'attachent-ils ? C'est ici le point essentiel.

Ils ne s'attachent point par la bouche, comme les lamproies, par exemple, dont la bouche est une véritable ventouse; mais au moyen d'un appareil tout particulier qui occupe la partie supérieure de leur tête.

Figurez-vous les persiennes fermées d'une fenêtre lilliputienne de forme ovale très-allongée; rendez leurs lames mobiles, comme cela a lieu dans certaines persiennes perfectionnées; puis appliquez ce petit mécanisme sur la tête du poisson, le grand axe de l'appareil étant parallèle à l'axe même du corps : vous aurez une représentation assez exacte de ce dont il s'agit.

Deux séries de lames osseuses transversales, parallèles entre elles, séparées l'une de l'autre par un cloison longitudinale, encadrées par un bourrelet ovale et charnu; chaque lame articulée, par un bout au bourrelet périphérique, par l'autre à la cloison médiane, et munie à son bord postérieur, qui se relève ou s'abat à volonté, de plusieurs rangs d'épines assez acérées; enfin, des muscles spéciaux mouvant toutes ces lames : tel est l'appareil du rémora.

De Blainville le rapportait au type de la nageoire; il y voyait une nageoire médiane impaire dont les rayons s'étaient renversés moitié à droite, moitié à gauche. Quoi qu'il en soit, c'est à l'aide de cet organe que le rémora se fixe aux corps sur lesquels il se repose ou par l'entremise desquels il voyage. Le mode d'action de cet organe n'est pas encore parfaitement expliqué; les uns ont dit que le rémora fait le vide entre les lames de son disque, ce qui justifierait l'épithète de *sucet*, qui est un de ses noms; les autres, qu'il insinue ses épines dans les objets auxquels il s'attache. Il paraît probable que l'adhérence se produit, suivant le cas, de l'une ou de l'autre de ces manières, ou de toutes les deux à la fois. Bosc a vu le rémora collé à des surfaces sur lesquelles les crochets ne pouvaient avoir prise, par exemple sur des ancres et sur les carènes de navires doublés en cuivre; dans ces cas, l'adhérence était nécessairement due au vide; les épines agissent, au contraire, chaque fois que le disque est en contact avec un corps dans lequel elles peuvent pénétrer; aussi ne fait-on que rendre le contact plus intime quand on tire le rémora en arrière, et on ne peut le détacher qu'en poussant en avant. Autrement, toute la force d'un homme n'y réussirait pas. Commerson, ayant offert son pouce à la plaque d'un rémora, éprouva une sorte de stupeur, une paralysie même, qui ne se dissipa tout à fait que longtemps après l'expérience.

Ajoutons que le rémora nage sur le dos. « J'ai vu, dit Bosc, deux ou trois rémoras se séparer du navire que je montais pour courir après des haricots cuits que j'avais jetés dans la mer, et toujours il nageaient le ventre en dessus. Cette attitude leur a valu le nom de *reversus*. »

III. — LE PILOTE ET L'ECHENEIS

Comme ils accompagnent très-souvent les requins et les navires, et que même ils les précèdent dans leur marche, les marins leur donnent parfois le nom de *pilote;* ce qui est la source d'une confusion contre laquelle il importe de prémunir le lecteur, le nom de pilote étant encore attribué à un poisson qui sert d'éclaireur aux terribles squales qu'on vient de nommer. Ce poisson est un des plus curieux exemples d'association que nous offre le règne animal ; on l'avait révoqué en doute; Geoffroy Saint-Hilaire en a constaté la réalité.

« Le 6 prairial an VI, je me trouvais, écrit-il[1], à bord de la frégate *l'Alceste*, entre le cap Bon et l'île de Malte. La mer était tranquille : les passagers étaient fatigués de la trop longue durée du

[1] Dans une communication faite à la Société philomathique au mois de prairial an X. (*Bulletin des sciences*, nº 63, p. 113.)

calme, lorsque leur attention se porta sur un requin, qu'ils virent s'avancer vers le bâtiment. Il était précédé de ses pilotes, qui conservaient assez bien entre eux et le requin la même distance; les deux pilotes se dirigèrent vers la poupe du bâ-

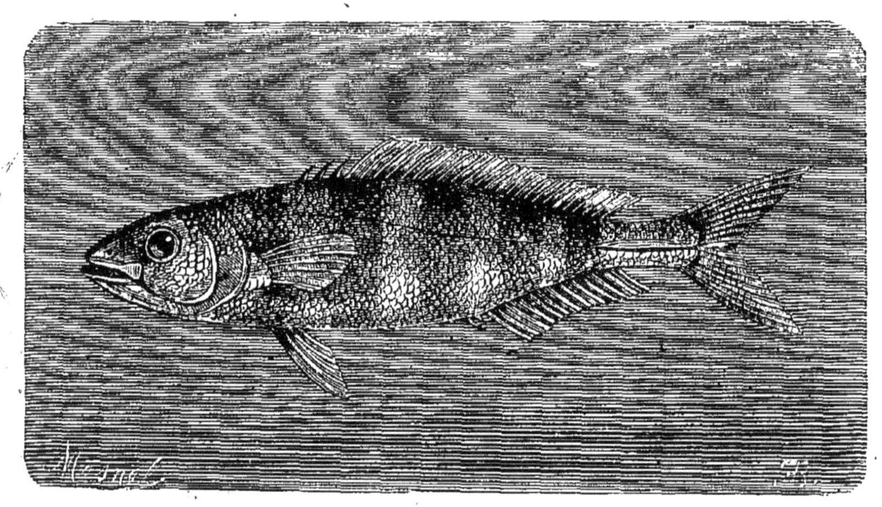

Le pilote.

timent, la visitèrent deux fois d'un bout à l'autre, et après s'être assurés qu'il n'y avait rien dont ils pussent faire leur profit, reprirent la route qu'ils avaient tenue auparavant. Pendant tous leurs divers mouvements, le requin ne les perdit pas de vue, ou plutôt il les suivait si exactement, qu'on aurait dit qu'il en était traîné.

« Il n'eut pas plutôt été signalé, qu'un matelot du bord prépara un gros hameçon qu'il amorça avec du lard; mais le requin et ses compagnons s'étaient déjà éloignés de 20 à 25 mètres, quand le pêcheur eut fait toutes ses dispositions ; cependant il jette à tout hasard son morceau de lard à la mer. Le bruit qu'en occasionne la chute, se fait entendre au loin. Nos voyageurs en sont étonnés et s'arrêtent; les deux pilotes se détachent ensuite et s'en vont aux informations à la poupe du bâtiment. Le requin, pendant leur absence, se joue de mille manières à la surface de l'eau; il se renverse sur le dos, se rétablit ensuite sur le ventre, s'enfonce dans la mer, mais toujours reparaît à la même place. Les deux pilotes, parvenus à la poupe de *l'Alceste*, passent auprès du lard, et ne l'ont pas plutôt aperçu qu'ils retournent vers le requin avec plus de vitesse qu'ils n'en sont venus. Comme ils l'avaient atteint, celui-ci se mit à continuer sa route ; alors les pilotes, en nageant, l'un à sa droite et l'autre à sa gauche, font tous leurs efforts pour le devancer; à peine en sont-ils venus à bout, qu'ils se retournent tout à coup, et reviennent une seconde fois à la poupe du bâtiment; ils sont suivis du requin, qui parvient ainsi, grâce à la sagacité de ses compagnons, à apercevoir la proie qui lui était destinée.

« On a dit du requin qu'il avait l'odorat très-délicat ; j'ai donné beaucoup d'attention à ce qui s'est passé quand il s'est trouvé dans le voisinage du lard ; il m'a paru qu'il n'en fut avisé qu'au moment où ses guides le lui eurent pour ainsi dire indiqué ; ce n'est qu'alors qu'il nagea avec plus de vitesse, ou plutôt qu'il fit un bond pour s'en emparer. Il en détacha d'abord une portion sans être harponné ; mais, à la second tentative qu'il fit, l'hameçon pénétra dans la lèvre gauche ; il fut pris et hissé à bord. »

Deux heures après, on pêchait l'un des deux pilotes. Geoffroy Saint-Hilaire reconnut en lui le *fanfre* des marins.

Ce *fanfre* ou *pilote* est très-différent du rémora, si différent qu'il appartient même à un autre ordre que celui-ci. Le premier fait partie de la famille à laquelle le maquereau, qui en forme le type, donne son nom latin (*scomber*), c'est-à-dire à la famille des scomberoïdes et à la tribu des centronotes ; il appartient à l'ordre des acanthoptérygiens. Le second, le rémora, qui à lui seul constitue une petite famille, celle des *echeneis* ou des *échénéides*, appartient à l'ordre des malacoptérygiens subbranchiens. On les a cependant confondus ensemble, et d'anciens auteurs, Valmont de Bomare par exemple, mettent ensemble le *pilote* et le *rémora*.

Comme pour rendre la confusion plus grande, le nom latin du genre Pilote, *naucrates*, est le nom d'une des espèces établies par Linné dans le genre Echeneis ; Linné distingue l'*Echeneis naucrate* et l'*echeneis remora*. Depuis l'illustre Suédois, les espèces se sont multipliées, le genre echeneis est devenu la famille des échénéides, et dans les deux espèces qu'on vient de décrire M. A. Duméril voit deux types bien caractérisés autour desquels se groupent toutes les autres espèces.

IV. — PILOTES, ECHENEIS ET DIABLES DE MER

La relation suivante, empruntée à Levaillant, va nous montrer le pilote et l'echeneis dans leurs relations avec un poisson de la famille des raies.

« Un énorme poisson plat, du genre des raies, vint nager autour de notre vaisseau. Il différait cependant de la raie ordinaire en ce que sa tête, au lieu de se terminer en pointe, formait un croissant, et qu'à chaque bout du demi-cercle sortait une espèce de bras fort allongé. Ces bras, que les matelots appelaient cornes, étaient larges de 2 pieds à leur naissance et n'avaient que 5 pouces à leur extrémité. On me dit que ce monstre s'appelait *diable de mer*.

« Quelques heures après, avec celui-ci, nous en vîmes deux autres, dont l'un, excessivement grand, fut jugé par l'équipage avoir 50 ou 60 pieds de large. Chacun d'eux nageait isolément et était entouré de ces petits poissons qui précèdent ordinairement les requins et que, par cette raison, les gens de mer ont nommés pilotes. Enfin tous les trois portaient sur chacune de leurs cornes un poisson blanc, de la grosseur du bras, long d'environ 18 pouces, et qui paraissait être là comme en faction.

« On eût dit que les deux vedettes ne se plaçaient ainsi que pour veiller à la sûreté de l'animal, pour l'avertir du danger et diriger ses mouvements. S'approchait-il trop près du vaisseau, ils quittaient leur poste, et nageant avec vivacité devant lui, ils l'obligeaient de s'éloigner. S'élevait-il trop au-dessus de l'eau, ils passaient et repassaient sur son dos jusqu'à ce qu'il se fût enfoncé davantage. Si, au contraire, il enfonçait trop, alors ils disparaissaient, et on cessait de les voir, parce que sans doute, ils le touchaient en dessous, comme dans l'occasion précédente, ils l'avaient touché en dessus ; aussi le voyait-on aussitôt remonter vers la surface de la mer, et les deux factionnaires reprenaient leur poste, chacun sur sa corne.

« Pendant trois jours que dura le calme et que nous restâmes immobiles, le même manége se répéta maintes fois sous nos yeux, et il fut le même pour chacun des trois monstres.

« J'eusse fort désiré qu'on pût en prendre un, mais quand j'en fis la proposition aux matelots, ils la traitèrent de chose impossible. Cependant, lorsque je promis douze bouteilles de vin à celui d'entre eux qui réussirait, leur ardeur s'éveilla. Tous coururent aux harpons, et chacun, s'armant du sien, prit poste pour le lancer. Un d'eux, placé sous le beaupré, atteignit au dos un des trois poissons, puis, après avoir filé sa corde pour lui laisser pendant quelque temps la liberté de se débattre, il finit par le ramener peu à peu vers le flanc du navire, à fleur d'eau. L'animal ne faisait pas le moindre mouvement, et nous ne doutâmes plus que nous le prendrions facilement, mais un seul harpon ne suffisant point pour le hisser, on lui en lança à la fois une quinzaine qui l'amarrèrent fortement. Enfin on l'entoura de plusieurs câbles, et on le hissa sur le pont.

« Celui-ci était le plus petit des trois ; il n'avait dans sa plus grande largeur que 28 pieds, sur 21 de long, depuis l'extrémité des cornes jusqu'à celle de la queue. Cette queue, grosse en proportion du corps, avait 22 pouces de longueur.

« La bouche, placée absolument comme celle de la raie, était assez large pour engloutir facilement un homme tout entier.

« Quant à la peau, blanche sous le ventre, elle avait sur le dos les couleurs brunes qui sont propres à la raie.

« Enfin, on estime que l'animal pouvait peser au moins 1000 kilogrammes.

« Il avait sur son corps une vingtaine de petits

rémoras, qui y étaient si bien attachés, qu'en hissant l'animal ils ne s'en séparèrent point et furent pris avec lui. »

D'anciens auteurs avaient dit que le disque du rémora était situé à la partie inférieure de sa tête. Le voyageur que nous citons rectifie cette erreur, mais il constate ensuite que les deux poissons blancs qui se plaçaient sur les bras du *diable de mer*, auxquels ils avaient l'air de se cramponner tout aussi fortement que les rémoras, se tiennent dans la situation naturelle et non renversée ; d'où suit que s'ils avaient aussi un moyen d'attache, c'est à la partie inférieure du corps qu'il était situé. On ne put en prendre, quoiqu'on employât toutes sortes d'amorces ; aussitôt que l'hameçon tombait à l'eau, ils venaient le reconnaître, mais retournaient bientôt à leur poste.

V. — POISSONS DE PÊCHE

Les echeneis se trouvent en un grand nombre de mers, et partout ou en même temps qu'eux se rencontrent des tortues ; on se sert des premiers pour prendre les secondes.

Ce genre de pêche était fort usité en Amérique lors de la découverte du continent. Pierre Martyr, dans un écrit publié en 1532, Hernandes de Oviedo, dans son *Histoire des Indes*, parue en 1535, en parlent l'un et l'autre. Le premier compare l'emploi des echeneis à celui des chiens de chasse.

Commerson nous a donné sur ce sujet des détails précis et intéressants.

« On attache à la queue d'un *naucrates* vivant un anneau d'un diamètre assez long pour ne pas incommoder le poisson, et assez étroit pour être retenu par la nageoire caudale. Une corde très-longue tient à cet anneau. Lorsque l'echeneis est préparé, on le renferme dans un vase plein d'eau salée, qu'on renouvelle très-souvent, et les pêcheurs mettent le vase dans leur barque. Ils voguent ensuite vers les parages fréquentés par les tortues marines. Ces tortues ont l'habitude de dormir souvent à la surface de l'eau, sur laquelle elles flottent; et leur sommeil est alors si léger, que l'approche la moins bruyante d'un bateau pêcheur suffirait pour les réveiller et les faire fuir à de grandes distances ou plonger à de grandes profondeurs.

« Mais voici le piége qu'on tend de loin à la première tortue que l'on aperçoit endormie. On remet dans la mer le *naucrates* garni de sa longue corde : l'animal, délivré en partie de sa captivité, cherche à s'échapper en nageant de tous les côtés. On lui lâche une longueur de corde égale à la distance qui sépare la tortue marine de la barque des pêcheurs. Le *naucrates*, retenu par ce lien, fait d'abord de nouveaux efforts pour se soustraire à la main qui le maîtrise; sentant bientôt, cependant, qu'il s'agite en vain et qu'il ne peut se dégager, il parcourt tout le cercle dont la corde est en

Pêche de la tortue.

quelque sorte le rayon, pour rencontrer un point d'adhésion et, par conséquent, un peu de repos. Il trouve cette sorte d'asile sous le plastron de la tortue flottante, s'y attache fortement par le moyen de son bouclier, et donne ainsi aux pêcheurs, auxquels il sert de crampon, le moyen de tirer à eux la tortue en retirant la corde. »

Middleton nous apprend que les indigènes de la terre de Natal pêchent la tortue d'une manière analogue :

« Ils prennent vivant un poisson nommé rémora, et fixent deux cordes, l'une à sa tête, l'autre à la queue ; ensuite ils le plongent au fond de l'eau, à l'endroit où ils jugent qu'il doit y avoir des tortues, et lorsqu'ils sentent que l'animal s'est attaché à une tortue, ce qu'il fait bientôt, ils tirent à eux le rémora et avec lui la tortue. »

Il ajoute que la même manière de pêcher est en usage à Madagascar. Salt note qu'elle est également pratiquée sur la côte de Mozambique.

II

PÊCHE AU CORMORAN

Cormoran signifie corbeau marin. C'est une appellation très-inexacte, l'oiseau auquel on la donne n'ayant rien de commun avec le corbeau.

Comme le pélican, dont il sera question tout à l'heure, c'est un palmipède, et comme le pélican il a un sac guttural, mais ce sac est très-petit.

On trouve des cormorans sur presque tous les points du globe ; l'un d'eux, le *grand cormoran*, se rencontre assez fréquemment en France et en Angleterre, où on lui donne le nom de *corbeau-pêcheur*. Ils vivent en troupes sur les bords de la

Pêche au cormoran.

mer et à l'embouchure des fleuves, et se nourrissent de poissons qu'ils pêchent avec une merveilleuse adresse, les poursuivant jusque dans leur élément. On prétend qu'ils les saisissent d'une patte, tandis que de l'autre ils regagnent la surface de l'eau. Arrivés là, ils jettent leur proie en l'air, et la reçoivent dans leur gorge la tête la première. Ils sont doux, confiants, on dit même un peu bêtes, qualification que l'homme, qui se connaît, applique volontiers à ceux qui ne se méfient pas de lui. Le cormoran se laisse aisément approcher et même saisir. Il s'apprivoise sans difficulté et on le dresse à la pêche comme on dresse le chien et le faucon à la chasse.

C'est ce qu'on faisait autrefois en Angleterre; on le fait aujourd'hui encore en certaines parties de l'extrême Orient et surtout en Chine. Cravaté d'un anneau ou d'une corde, l'oiseau se place en vedette sur le devant de la barque. Aperçoit-il un poisson, il plonge, le saisit et l'apporte, sa gorge serrée l'empêchant de rien avaler.

Le P. Lecomte dit qu'un seul pêcheur peut aisément en gouverner jusqu'à cent à la fois. Au moindre signal, ils partent tous, se dispersent sur l'étang. Quand le poisson est trop gros, ils s'entr'aident; l'un le prend par la tête, l'autre par la queue, et ensemble ils l'amènent jusqu'au bateau. On leur tend de longues rames, ils s'y perchent, et dès qu'on les a débarrassés de leur fardeau, ils retournent au travail. La pêche finie, on leur donne une part du butin, et c'est ainsi que leur zèle s'entretient.

III

PÊCHE AU PÉLICAN

Cette pêche ne diffère point de celle qui vient d'être décrite. Tout le monde sait que les pélicans ont un bec excessivement long et que la peau qui réunit les deux côtés de la mâchoire inférieure forme une espèce de sac membraneux d'une capacité considérable ; c'est dans ce sac que l'oiseau, qui se nourrit de poisson, emmagasine son butin. Debout dans l'eau, non loin du bord, immobiles, silencieux, ils attendent ; on les croirait inanimés si, de temps à autre, on ne les voyait darder leur bec dans la rivière. D'autres fois ils se réunissent plusieurs ensemble pour pêcher ; ils se rangent en ligne, s'avancent de concert en battant des ailes pour effrayer le poisson, le chassent devant eux, et quand ils l'ont poussé dans un endroit favorable, le saisissent en plongeant. Aussitôt que leur poche est pleine, ils prennent leur vol et vont tranquillement se repaître en quelque endroit solitaire. Nageurs et puissants voiliers, les pélicans jouissent encore, malgré leurs pieds palmés, de la faculté de se percher sur les arbres, ce qui est rare parmi les oiseaux de leur ordre.

Ils s'apprivoisent en peu de temps, et, comme les cormorans, prennent aisément l'habitude de

Pêche au pélican.

pêcher pour un maître. On s'assure aussi de leur fidélité par une ligature à la gorge. Le P. Labat rapporte que, dans plusieurs îles de l'Amérique, les sauvages les employaient de cette manière, et le P. Raymond rapporte, dans son *Dictionnaire caraïbe*, qu'il en a vu un si bien privé qu'on l'envoyait seul à la pêche, d'où il revenait chaque soir sa besace pleine, impatient de se faire desserrer le cou et de recevoir le prix de ses peines. Mais l'esclave se fait volontiers parasite, et M. Lee a vu, à Sierra-Léone où il stationnait ordinairement sur la place du marché, un pélican qui si adroitement fourrait son bec dans le panier des acheteurs et si prestement en enlevait le poisson, que les volés ne s'apercevaient du vol qu'en arrivant chez eux.

IV

PÊCHE A L'HIRONDELLE AQUATIQUE

Sur le lac Pallajervi, en Laponie, lac fertile en poissons, et fréquenté par les pêcheurs durant le court été polaire, une association volontaire et libre, en vue des travaux et des profits de la pêche, existe entre l'homme et un oiseau, le *sterne*, nommé aussi *hirondelle de mer* et *hirondelle aquatique.*

Ses longues ailes pointues, qui se croisent au repos, sa queue fourchue, ses pieds très-courts, son vol rapide et soutenu, l'ont fait comparer à l'hirondelle, dont il diffère, d'ailleurs, sous beaucoup de rapports. Tandis que celle-ci est un passereau, l'autre est un palmipède voisin du pétrel, de l'albatros et de la mouette. Cependant ses pieds sont peu palmés et il ne nage guère plus que l'hirondelle ne marche; comme celle-ci, il vole sans cesse, poussant de grands cris, happant au passage poissons et mollusques à la surface de l'eau, insectes dans l'air. Oiseau sociable d'ailleurs, ce qui est un autre trait de ressemblance avec l'hirondelle. Des bandes nombreuses se réunissent dans un même lieu pour y nicher, et souvent leurs nids sont si rapprochés les uns des autres, que les couveuses se touchent. Il y en a une espèce commune sur nos côtes et dans le voisinage de nos eaux douces.

Revenons au lac Pallajervi. Une île s'y trouve, *Kintasari*, où, en été, les pêcheurs établissent leurs huttes formées de branches d'arbres, qu'ils recouvrent de vase bientôt desséchée. Tous les jours, de grand matin, à la même heure, les hirondelles aquatiques sillonnent l'air, s'assemblent autour des huttes, et par leurs cris avertissent les pêcheurs qu'il est temps de commencer la journée.

A peine ceux-ci ont-ils détaché les canots, que les oiseaux prennent les devants. Ils vont à la recherche du poisson. Les rameurs règlent leurs mouvements sur ceux de la nuée vivante. Quand elle s'arrête quelque part, quand redoublent les cris continuels qui en partent, quand quelques oiseaux s'en détachent, rasant d'un vol rapide la surface de l'eau, le pêcheur est assuré qu'à l'endroit au-dessus duquel la bande ailée plane et sur lequel elle appelle son attention, les poissons se sont rassemblés. Il se hâte vers ce point, y jette ses filets, aussitôt remplis. Les oiseaux reçoivent alors la part à laquelle ils ont droit, et tout poisson jeté en l'air est immédiatement saisi au vol. Ils viennent d'ailleurs se la faire eux-mêmes jusque dans les canots, et même aident aux pêcheurs à désemplir leurs filets. Puis on repart, les hirondelles quêtant, les canots suivant, et un peu plus loin on recommence. Le soir venu, hommes et volatiles reviennent ensemble au rivage, d'où ils sont partis ensemble le matin, et les oiseaux achèvent de nettoyer les canots amarrés.

Un naturaliste voyageur, assistant à ces aimables spectacles, voulut tirer quelques hirondelles aquatiques, afin de les examiner de près. Les pêcheurs s'en montrèrent affligés, et comme ils exprimèrent la crainte que le bruit des armes à feu éloignât pour longtemps des rives du lac leurs chers et utiles associés, notre naturaliste, pour satisfaire sa curiosité sans compromettre les intérêts de ses hôtes, s'avisa d'un stratagème. Ayant caché un hameçon dans la tête d'un poisson jeté au milieu des sternes, il espérait prendre un de ceux-ci à la ligne. Plusieurs en effet mordirent à l'appât, mais aussitôt avertis du piége par la résistance du fil attaché à l'hameçon, ils abandonnèrent cette proie perfide aussi vite qu'ils l'avaient saisie, et le voyageur en fut pour sa peine.

Pêche aux hirondelles de mer.

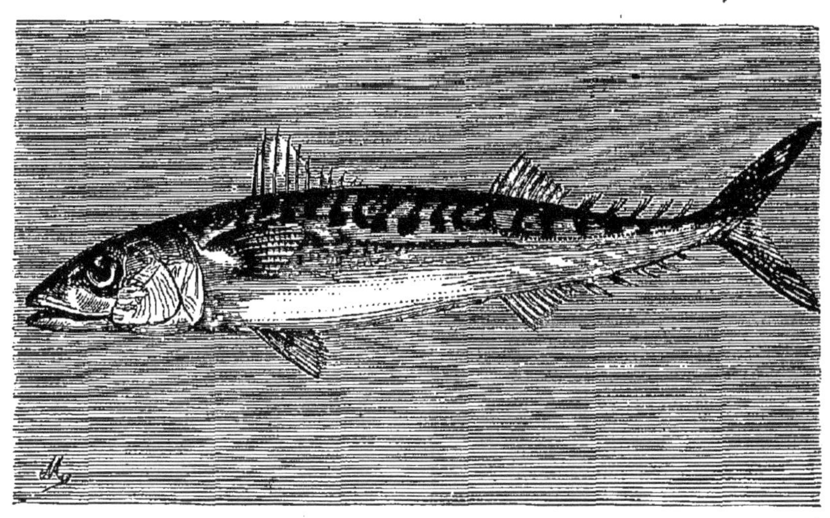

Le maquereau.

VI

LE MAQUEREAU

Corps lisse, allongé, recouvert d'écailles excessivement petites ; le dos d'un beau bleu métallique et rayé de noir, le dessus de la tête bleu et tacheté également de noir, le reste du corps d'un blanc argenté ou nacré ; les nageoires dorsales séparées : à ce signalement, chacun a reconnu un poisson dont la chair est très-justement estimée.

Au moral, c'est un animal très-courageux, qui souvent s'attaque à des poissons bien plus forts que lui, et même à l'homme. Pontoppidan rapporte

Baigneur attaqué par un banc de maquereaux.

qu'en Norwége, un matelot qui se baignait disparut tout à coup, emporté par des maquereaux; lorsqu'on le repêcha, quelques minutes après, il était en grande partie dévoré. Leur courage est en proportion de leur voracité, ce qui n'arrive pas toujours. Les petites espèces de leur classe, leurs plus proches parents, par conséquent, sont en danger de mort dans le voisinage des maquereaux. Au besoin, ceux-ci se rejettent sur les chairs en putréfaction. Bloch s'est laissé dire que les corps de marins noyés, et en partie décomposés, recélaient, dans leur intérieur, des maquereaux qui y mangeaient à même. Tel de nous, croyant manger du maquereau, a donc pu pratiquer, sans le savoir, une sorte d'anthropophagie de seconde main.

On les trouve dans presque toutes les mers, en quantités innombrables, allant par bandes. Ils passent l'hiver dans la mer Glaciale, la tête enfoncée dans la vase et les fucus. Vers le printemps, ils descendent au midi, côtoient l'Islande, l'Écosse et l'Irlande, se jettent dans l'océan Atlantique, et se divisent en deux colonnes, dont l'une, longeant le Portugal, entre dans la Méditerranée, tandis que l'autre pénètre dans la Manche, paraît en mai sur les côtes de France et d'Angleterre, en juin sur celles de Hollande, et s'en va jusqu'au fond de la Baltique.

Voilà, du moins, ce qu'on disait autrefois, mais

Bloch, Noël, Lacépède et d'autres, pensent qu'il en est des migrations des maquereaux comme de celles des thons et des harengs, et que ceux-là, comme ceux-ci, se retirent simplement pendant l'hiver, dans la profondeur des mers, à la surface desquelles on les voit apparaître au printemps. On objecte que s'ils descendaient des mers polaires, on les verrait aux Orcades avant de les voir dans la Manche, et dans la Manche avant de les voir dans la Méditerranée; or, la pêche commence dans cette dernière, en même temps, sinon plus tôt, que dans la Manche. De plus, on les pêche en tout temps dans la Méditerranée; enfin, on assure que chacune de ces mers a ses variétés particulières. Ainsi, ceux de la Baltique ne dépassent pas $0^m,3$, tandis que ceux qu'on pêche entre les Sorlingues et l'île de Baz ont jusqu'à $0^m,7$ de long, et on dit que sur les côtes d'Islande ils ne valent pas la peine d'être pêchés.

Les intestins du maquereau entraient dans la composition du *garum* le plus estimé. Le garum ainsi fait valait, au dire de Galien, 2,000 pièces les deux pintes. Aujourd'hui, on ne recherche plus dans le maquereau que sa chair excellente, surtout quand on l'a préparée avec ces fruits acides qu'à cause de cet emploi on nomme groseilles à maquereau.

C'est principalement dans les mois de juin et de juillet qu'on le pêche, depuis la mer du Nord, jusqu'à l'extrémité sud de la Bretagne, région où il abonde. On le rencontre dès avril, mais il est alors petit et non laité ; c'est dans les mois susdits qu'il est et le meilleur et le plus commun ; il y en a encore assez en août, mais alors ils ont frayé. Enfin, on en pêche de petits vers la fin de septembre et au commencement d'octobre, qui paraissent être nés dans l'année même, et il n'est pas même rare d'en avoir jusqu'en décembre. Tout cela est fort irrégulier, et des pêcheurs attribuent aux tempêtes ces apparitions insolites.

La pêche se fait à la ligne et avec des filets semblables à ceux qu'on emploie pour le hareng, sauf que les mailles sont plus grandes ; elle se fait ordinairement de nuit, étant alors plus productive que dans le jour.

Pêche du maquereau.

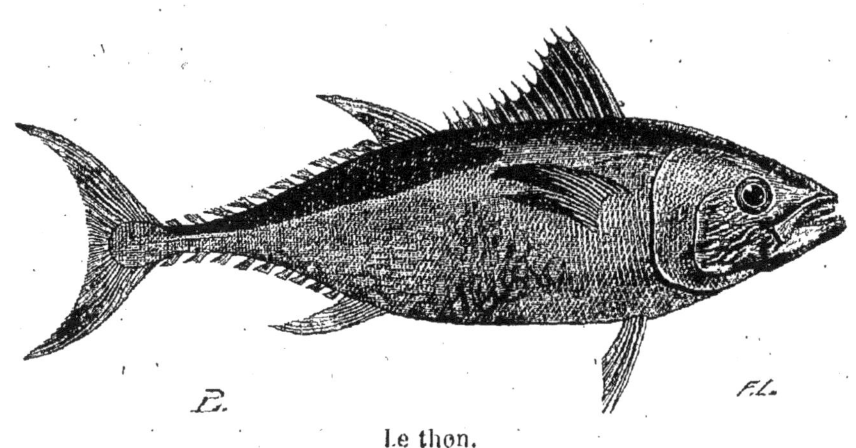

Le thon.

VII

LE THON

C'est un très-proche parent du maquereau ; il s'en distingue entre autres caractères par celui-ci : la première nageoire dorsale s'étend jusqu'à la seconde, tandis que dans le maquereau il y a un intervalle entre les deux. En outre, le corps du thon est en forme de fuseau. Il est d'ailleurs beaucoup plus gros que le maquereau ; il atteint 2 mètres et plus de longueur. Pennant en a décrit un de 7 pieds 12 pouces et qui pesait 460 livres. Aristote et Pline prétendent qu'on en a pêché du poids de 15 talents, ce qui, d'après Paucton, équivaudrait à 675 livres (387^k,50). Il a le dos de ce bleu foncé que prend l'acier poli ; son ventre est argenté. C'est un poisson très-carnassier, friand surtout de sardines, d'exocets, de maquereaux, et qui n'épargne pas sa propre espèce. Les requins et les espadons ne l'épargnent pas non plus, et l'homme pas davantage. On sait combien la chair du thon est estimée. La pêche de ce poisson constitue depuis l'antiquité une des principales richesses des peuples riverains de la Méditerranée. Au moment d'entreprendre cette pêche importante, les Grecs, pour se rendre les dieux favorables, offraient un thon en sacrifice à Neptune, le priant de les préserver de la concurrence, pour eux désastreuse, de l'espadon ; et quand l'expédition avait été heureuse, ils renouvelaient le sacrifice en signe d'actions de grâces.

On a dit de tout temps que les thons qui abondént dans la Méditerrannée y entrent au printemps par le détroit de Gibraltar. Ce seuil franchi, ils se diviseraient en deux troupes : l'une suit les rivages de l'Afrique et remonte jusqu'au Bosphore, l'autre côtoie l'Espagne, la France et l'Italie septentrionale, passe entre l'île d'Elbe et la Corse, et s'arrête dans les parages de la Sardaigne où les poissons dont elle se compose déposent leur frai.

Mais on ne croit plus guère à ces migrations ; on pense aujourd'hui que les thons restent toujours dans les mêmes parages, changeant seulement d'altitude avec les saisons. On dit cependant que les bancs de thons qui se montrent au printemps sur les rivages de la Provence, se dirigent tous vers l'Orient, tandis qu'à la fin de l'été ils suivent une direction opposée.

On les pêche à la ligne et au filet, et dans ce dernier cas on peut s'y prendre de deux manières différentes : à la *thonaire* et à la *madrague.*

La première se fait ainsi : dès que l'approche des thons est signalée, de nombreux bateaux parcourent la mer, dessinant une courbe, jettent leurs filets, cinglent vers la côte, rétrécissant de plus en plus l'enceinte formée et chassant devant eux le poisson. Près d'aborder au rivage, et lorsqu'il n'y a plus que fort peu d'eau, les pêcheurs tendent un grand filet fermé à un bout, capturent les thons et les jettent sur la plage, où on les tue. On peut prendre ainsi d'un seul coup deux à trois mille quintaux de thons. Cette pêche se pratique sur les côte de la Calabre et de la Sicile.

Celle à la madrague est plus compliquée, et c'est même la plus compliquée de toutes les pêches. A l'aide de filets tenus verticalement, en haut par des flottes en liége, en bas par des cailloux, on construit dans la mer des espèces de chambres disposées de manière à ce que les thons qui côtoient le rivage s'y engagent presque nécessairement ; une grande ligne de filets, parallèle à la côte, les mène dans la première enceinte, de celle-ci dans la seconde et ainsi de suite, les pêcheurs poussant derrière eux un filet tendu verticalement, qui les contraint à avancer. On les rassemble ainsi dans le dernier compartiment, nommé *chambre de mort*. Le fond de celle-ci est tendu d'un filet que l'on soulève la capture une fois faite, et les thons sont harponnés au fur et à mesure qu'ils se montrent à la surface; vainement, au milieu d'un immense tumulte, les malheureux poissons essayent-ils d'échapper à la mort : on en prend ainsi jusqu'à 7 et 800. Cette pêche, usitée à Gênes, en Sicile et à Marseille, y est considérée comme une fête, et l'on vient y assister de fort loin. M. de Quatrefages en a été témoin sur les côtes de la Sicile, et il l'a racontée avec son talent habituel. Laissons-le parler :

« Cinq cent cinquante thons, poussés de chambre en chambre par des portes qui se refermaient derrière eux, sont arrivés dans la dernière, dans la *chambre de mort*. Celle-ci possède un plancher mobile, formé par un filet que des cordages permettent de ramener du fond à la surface. Toute la nuit, on a travaillé à l'élever peu à peu, et maintenant chacun de ses bords repose sur un des côtés du carré formé par les barques. En face de nous se tient le propriétaire de la *tonnara*, entouré de son état-major d'un groupe gracieux de dames venues de Palerme pour assister au spectacle qui se prépare. A droite et à gauche, les deux barques principales portent l'armée des pêcheurs. Ces barques, entièrement vides et découvertes, attendent leur chargement. Seulement une longue poutre, allant d'une extrémité à l'autre, laisse entre elle et le bord une sorte de couloir étroit, où se pressent deux cents marins accourus de vingt lieues à la ronde. Demi-nus, montrant leurs membres athlétiques couleur de cuivre rouge, ces hommes attendent, en frémissant d'impatience, le moment d'agir. Leurs yeux brillent sous leurs bonnets phrygiens de couleur brune ou écarlate ; leurs mains agitent les instruments de mort, larges crochets aigus et tranchants, tantôt adaptés à de longues perches, tantôt placés au bout d'un manche court, massif, et muni de profondes entailles pour donner plus de prise à la main. Au milieu de l'enceinte, une petite yole toute noire, manœuvrée par deux rameurs, porte le chef de pêche. C'est lui qui commande la manœuvre, qui stimule les travailleurs et transporte les hommes d'un côté à l'autre, là où il est besoin de renfort.

« Cependant les cabestans placés aux extrémités du filet n'ont pas cessé de tourner, et le plancher mobile du *corpou* s'élève d'autant. De plus en plus refoulés vers le haut, les thons commencent à se montrer. Grâce à la transparence de l'eau, on les voit parcourir en tous sens, avec une irrégularité inquiète, la vaste poche qui les enserre. Déjà quelques-uns rasent la surface et s'élancent en bondissant. Malheur à ceux qui viennent à portée des barques! Des mains de fer s'allongent aussitôt et enfoncent dans leurs flancs des griffes acérées. D'ordinaire les blessés échappent à ces premières attaques. Pleins de vie et de force, jouissant de toute la liberté de leurs mouvements dans ce bassin encore assez étendu, ils s'arrachent aux mains de leurs ennemis, laissant seulement au fer des crampons quelques lambeaux ensanglantés; mais aux cris cadencés des matelots les cabestans tournent toujours, et le filet impitoyable monte de plus en plus. La yole du chef de pêche chasse les thons vers les bords. Les blessures se multiplient. Déjà quelque poisson, plus profondément atteint, a ralenti sa course, et de temps à autre montre son large ventre argenté, que raye un ruisseau de sang noirâtre. A chaque nouveau coup qu'il reçoit, sa résistance diminue. Bientôt il s'arrête un instant, et cet instant suffit : dix crampons s'enfoncent à la fois dans ses chairs, vingt bras se roidissent et le soulèvent au-dessus de l'eau. En vain la peau se déchire; le crampon qui vient de lâcher prise s'élève, retombe, s'enfonce de nouveau, et bientôt le malheureux animal est hissé jusque sur le bord. Aussitôt deux hommes le saisissent par ses grandes nageoires pectorales, le font glisser sur la poutre placée derrière eux et le lancent dans la cale.

« Mais le filet mobile monte sans cesse, et le troupeau des thons se découvre en entier. Pressés les uns contre les autres, on voit ces monstrueux poissons s'élancer avec désespoir contre les parois flexibles du *corpou*, montrer leur dos noir moucheté de larges taches jaunes, ou fendre la surface de l'eau avec leur grande nageoire en croissant. Au milieu d'eux bondissent quelques espadons au long nez terminé en lame d'épée. Enivrés par le spectacle de la proie qui s'offre à leurs coups, les marins frappent et plus vite et plus fort. La pêche devient alors une vraie boucherie. Dans cette foule serrée, on ne distingue plus les individus. Ce ne sont que têtes violemment agitées, que bras rougis qui s'élèvent et s'abaissent, que harpons qui se croisent et se heurtent. Tous les yeux étincellent, toutes les bouches poussent des cris de triomphe, des clameurs d'encouragement. Les eaux du *corpou* se teignent de sang. A chaque instant de nouveaux thons tombent dans les cales ; les morts, les mourants s'amoncellent, et les barques, bientôt insuffisantes, s'enfoncent sous leurs charges demi-vivantes.

« Après deux heures de carnage, l'épuisement commence à se faire sentir ; les thons deviennent

Pêche de thons à la madrague.

rares, et leurs ennemis auraient trop à attendre. Aussitôt une barque se détache, s'écarte de chaque côté de l'enceinte, et les deux principales se trouvent plus rapprochées de moitié. Les cabestans se remettent à jouer, et les pêcheurs impatients leur viennent en aide. Les mains s'enfoncent dans les mailles, les crochets aident les mains. Ces efforts, d'abord désordonnés, ne produisent pas grand résultat ; mais le sifflet du chef se fait entendre. Des chants cadencés s'élèvent : sous l'influence du rhythme les mouvements se coordonnent, s'harmonisent, et à chaque cri le filet monte de quelques lignes. Bientôt il est presque à fleur d'eau ; il est temps de se remettre à l'œuvre. La yole, jusque-là simple spectatrice, prend alors une part active à l'action. Montée par quelques pêcheurs d'élite, elle poursuit les thons dans l'espace étroit qui leur reste, les atteint avec de longs harpons, et les pousse aux crochets des barques qui les enlèvent.

« Je dois le dire, ce spectacle, que nous avions désiré, nous laissa tristes et mécontents : cette tuerie nous avait péniblement affectés. Peut-être l'impression eût-elle été différente si les pêcheurs avaient eu l'ombre du danger à courir, si seulement les thons avaient pu rugir en se débattant ; mais ces luttes si complétement inégales, ces agonies muettes où des mouvements convulsifs accusaient seuls les angoisses des victimes, nous avaient réellement impressionnés. Quant à nos matelots, ils étaient radieux. Pêcheurs, ils ne pouvaient sentir et voir qu'en hommes de leur profession, et la pêche avait été superbe. En trois heures, ils avaient harponné 554 poissons, pesant environ 80 kilogrammes en moyenne. On savait d'ailleurs que les chambres de la madrague renfermaient encore près de 400 prisonniers. Le propriétaire pouvait donc compter, dès le début de la campagne, sur environ 72,000 kilogrammes de chair de thon, représentant une valeur d'au moins 43,000 fr. On voit que le loyer de la *tonnara* était bien près d'être payé. »

Pêche à la thonaire.

Espadon.

VIII

L'ESPADON

C'est un scombre, et, par conséquent, un voisin des thons et des maquereaux ; mais c'est le plus grand de tous ; il atteint souvent, il dépasse même 5 mètres, et c'est le plus puissamment armé. Son nom lui vient d'une espèce d'épée large, tranchante, acérée, dure comme l'acier et souvent longue de 3 mètres, qu'il porte à plat devant lui. Ce n'est autre chose qu'un prolongement osseux de la mâchoire supérieure. Cette arme, jointe à la grandeur de l'espadon, à sa force et à son agilité extraordinaires, fait de lui un adversaire redoutable même pour les plus grands animaux marins. On le nomme aussi, ou on le nommait l'*empereur*.

Il a le corps allongé, une seule dorsale courbée d'avant en arrière, les côtés de la queue fortement carénés. Il est noirâtre sur le dos, argenté sous le ventre, sa forme a pu servir de modèle à la galère antique. « Son arme, dit Élien, paraît aussi longue qu'un éperon de trirème quand le poisson est devenu adulte. »

On le trouve dans l'Océan. M. Sabin-Berthelot note qu'il se montre par bandes nombreuses dans les eaux de l'archipel Canarien, et vers le littoral de l'Afrique occidentale. Ils sont nombreux dans la Méditerranée. On dit qu'ils vont ordinairement par paires, le mâle et la femelle; celui-là veillant sur celle-ci. Malgré la force incomparable de leurs armes, on assure que ce sont des animaux paisibles, ennemis du carnage; ces puissants seraient doux. Ils se nourriraient de fucus; on sait cependant qu'ils ne dédaignent pas les thons. Au moment d'entreprendre la pêche de ces derniers, les Grecs faisaient un sacrifice à Neptune, le priant d'éloigner de leurs parages l'espadon qui fait fuir les thons, ou qui déchire, en s'y laissant prendre, les filets destinés à ces derniers. Lancés sur les côtes de Provence à la poursuite des sardines, les thons sont eux-mêmes poursuivis par les espadons entrant pêle-mêle avec eux dans la *madrague*. Ils sont terribles dans les combats : rapides comme un trait, ils transpercent de leur glaive la carène d'une embarcation, même, dit-on, la cuirasse des crocodiles, car à l'embouchure de quelques fleuves on trouve de ceux-ci dans la mer, et, du reste, l'espadon remonte les fleuves, puisque anciennement on le pêchait dans l'Ister. Enfin, il livre à la baleine des combats dont celle-ci ne sort pas toujours victorieuse.

Il n'est pas rare de trouver dans la paroi d'un navire le bec brisé d'un espadon. L'animal se sera cru attaqué, peut-être même aura-t-il été heurté par la machine flottante, et il aura tourné contre elle son aveugle colère. Élien, ainsi qu'on va le voir, se faisait une singulière idée de la manière dont un de ces poissons, pris par le bec, peut employer sa force.

« Des auteurs, écrit-il, ont avancé dans leurs écrits, qu'ils avaient vu un vaisseau bithynien tiré à sec et dont la carène, en très-mauvais état par le temps, se trouvait avoir besoin de réparation ; que leurs regards avaient été frappés d'y remarquer attachée une tête d'espadon ; que le poisson, après avoir planté son dard naturel dans le navire, aurait essayé de s'en arracher, et qu'à force d'efforts tout son corps se serait séparé de son cou qui était resté enfoncé tel que lors de son agression. »

C'est l'ennemi naturel de la baleine, et c'est, avec le poisson-scie, son plus redoutable ennemi. On dit qu'il est très-friand de la langue du cétacé. Il le poursuit sans relâche. Celui-ci, n'ayant que sa queue pour défense, tâche d'en frapper le poisson, qui, atteint, est écrasé du coup. Mais l'agile espadon esquive souvent l'attaque ; il bondit en arrière, revient comme un trait, perce la baleine de son glaive ; bientôt la mer est teinte de sang. Les pêcheurs rencontrent quelquefois en mer des baleines tuées dans ces sortes de duels.

Ce vaillant est affreusement tourmenté par un crustacé de la famille des lernes. L'*empereur* a naturellement ses parasites; ils lui causent de si horribles douleurs, que, perdant la tête, il lui arrive de se jeter sur le rivage ou de sauter sur des navires.

Il y est le bienvenu, sa chair étant des plus agréables, aussi n'attend-on pas d'ordinaire qu'il y débarque de lui-même. Les anciens le pêchaient, les modernes les imitent. C'est cependant aujourd'hui une industrie un peu négligée et sans motif ; elle se relèvera.

Combat d'une baleine et d'un espadon.

Un des procédés en usage chez les Grecs consistait à se servir de barques taillées d'après la forme de l'espadon, pourvues d'une pointe avancée qui représentait sa mâchoire, et peintes des couleurs foncées qui lui sont propres. L'espadon s'en approchait sans défiance, croyant voir des poissons de son espèce; les pêcheurs, profitant de son erreur, le perçaient avec des dards. Quoique surpris, l'animal se défendait vigoureusement, frappait de son épée le bordage des barques trompeuses, et souvent les mettait en danger. Les pêcheurs saisissaient ce moment pour essayer de lui fendre la tête et de lui couper, s'ils le pouvaient, la mâchoire supérieure. Après avoir triomphé de sa résistance, ils l'attachaient à l'arrière de la barque et l'amenaient à terre. Oppien compare à une ruse de guerre cette manière de prendre l'espadon en le trompant par la forme des barques.

Cette ruse fut également mise en usage par les Romains. La pêche de l'espadon était alors une des plus importantes qui se fissent sur les côtes de la mer Tyrrhénienne et sur celles de la Gaule narbonnaise. On le prenait aussi, mais accidentellement dans la madrague où il s'engageait, imprudemment emporté par son ardeur à poursuivre les thons et d'autres scombres. « Quoiqu'il puisse rompre les filets, dit Oppien, il recule; il soupçonne quelque piége ; sa timidité le conseille mal ; il finit par rester prisonnier dans l'enceinte, et par devenir la proie des pêcheurs, qui, réunissant leurs efforts, l'amènent sur le rivage, où il trouve une mort certaine. » Les choses ne se passaient cependant pas toujours ainsi, et, trop souvent au gré des pêcheurs, l'espadon déchirant les parois de la *chambre de mort*, rendait la liberté aux poissons tombés avec lui dans le piége.

La pêche de l'espadon se fait dans le détroit de Messine, à la lame pour les gros, et au filet pour les petits. Ce filet, long de 30 mètres, large de 3, à mailles serrées, faites de fortes ficelles, se nomme *palimadara*. Elle commence vers la mi-avril et se fait jusqu'à la fin de juin le long des rivages de la Calabre, que suit alors le poisson entré dans le détroit par le Phare. Passé cette époque, elle se fait jusqu'au milieu de septembre où elle prend fin, sur la rive opposée, sur les côtes de la Sicile que longe alors l'espadon entré par la bouche du sud. Quel motif l'attire ainsi alternativement d'un côté à l'autre? Est-ce le même poisson qui passe et repasse? Spallanzani, à qui nous empruntons les détails qui vont suivre, pose ces questions sans les résoudre. Elles restent pendantes. La seule chose certaine, c'est que l'espadon ne côtoie la Sicile que quand il fraye; on voit alors les mâles courir après les femelles. L'occasion est belle pour les surprendre, car une fois que la femelle est tuée, les mâles ne s'en éloignent point, et se laissent facilement approcher.

Il paraît d'ailleurs certain qu'ils se propagent dans la mer de Sicile et de Gênes, car, depuis novembre jusqu'aux premiers jours de mars, on en prend chaque année dans le détroit de Messine du poids d'une demi-livre jusqu'à 12 livres.

Ce sont les jeunes qu'on pêche avec la palimadara. Entre deux bâtiments à grandes voiles latines, le filet descend jusqu'au fond de la mer. Les balancelles voguent à pleines voiles. Dans ses mailles étroites, le filet prend tout ce qui se trouve sur son passage. L'illustre observateur qu'on vient de citer s'élève avec raison contre cette méthode barbare. « J'assistai plusieurs fois à cette pêche, écrit-il, et je ne puis dire combien de petits poissons en étaient les victimes ; n'étant bons à rien, on les rejetait à la mer, mais tout mutilés, et déjà morts par le froissement qu'ils avaient éprouvé dans les mailles du filet. J'écrivis contre cette manie destructrice, et je représentai avec force tout le dommage qui en résultait. On me répondit, à la vérité, qu'il existait une loi à Gênes qui prohibait l'usage, ou pour mieux dire, l'abus des balancelles, mais cela n'empêche pas qu'il ne sorte chaque année du golfe de la Spezzia trois ou quatre paires de ces bâtiments qui, gagnant la haute mer, vont se livrer à cette pêche. Il y a plus ; le gouverneur du lieu, qui devrait surveiller l'exécution de la loi, est le premier à favoriser, moyennant une somme d'argent, l'abus qu'elle proscrit. »

La pêche à la lance, outre qu'elle est tout à fait avouable, offre plus d'intérêt.

La barque qu'on y emploie est longue de 6 mètres, large de 6^m,66, haute de 1^m,33, et plus large à la poupe qu'à la proue. Au milieu est planté un mât haut de 5^m,66, surmonté d'un plancher de forme circulaire et muni de marches pour faciliter l'accès de cette plate-forme. C'est là que se place la vigie, dont l'office est de suivre l'espadon dans ses tours et détours, et de l'indiquer de la main ou de la voix aux rameurs, que le poisson semble défier à la course. Le même mât est traversé près de sa base par une pièce de bois qui coupe la barque à angle droit dans toute sa largeur, et en dépasse les bords ; à chacune de ses extrémités est attachée une rame qu'un homme fait agir, et à un certain moment la vigie elle-même, descendant de son poste, se place sur le milieu, et d'une main tenant la rame droite, de l'autre la gauche, en règle le mouvement, et fait office de timonier. D'autres rameurs sont au milieu de la barque ; d'autres encore, armés de rames plus petites, sont attachés à la poupe. A l'avant se tient debout l'homme dont le rôle est de frapper. Sa lance, qui a 4 mètres de long, est faite d'un bois de charme qui plie difficilement, terminée par un fer long de $0^{m},18$ environ, et munie latéralement de deux autres fers appelés *oreilles*, comme le premier, aigus et tranchants, mais mobiles et qui, se séparant de celui-ci, rendent la blessure plus large. Le fer principal lui-même, quand le coup a porté, se détache du bois et reste plongé dans la plaie ; il est attaché à une corde grosse comme le petit doigt, et longue de 200 mètres.

Ce n'est pas tout. Il est nécessaire encore d'avoir deux vigies sur la côte. Sur celle de Calabre, les vigies s'établissent parmi les rochers et les écueils; ceux-ci manquant sur le rivage opposé, les hommes se tiennent sur un échafaudage établi tout exprès, et dont la hauteur est de 27 mètres.

« Tout étant disposé, voici, dit Spallanzani, l'ordre de la pêche. Lorsque les deux explorateurs perchés sur la cime des rochers ou des mâts jugent de loin l'approche d'un espadon, au changement de la couleur de l'eau sous la surface de laquelle ce poisson nage, ils le signalent de la main aux pêcheurs, qui accourent avec leurs barques, et ils ne cessent de crier et de faire des signes que lorsque l'autre explorateur monté sur le mât l'a découvert et le suit des yeux. A la voix de celui-ci, la barque vogue, tantôt à droite, tantôt à gauche;

tandis que le lancier, debout sur la proue, l'arme en main, cherche à le tenir sous le coup. Quand le poisson est à la portée de la lance, l'explorateur descend de son mât, se met au milieu des deux

Pêche de l'espadon.

rames, les dirige selon les signes que lui fait le lancier ; celui-ci, saisissant le moment favorable, frappe sa proie souvent à la distance de 10 pieds. Aussitôt après le coup, il lui lâche la corde qu'il tient en main pour lui donner *calme*, dit-il, tandis que la barque, voguant à toutes rames, suit le poisson blessé jusqu'à ce qu'il ait perdu ses forces. Alors il monte à la surface de l'eau ; les pêcheurs s'en approchent, le tirent à eux avec un crochet de fer, et le transportent sur le rivage. Quelquefois il arrive que l'espadon, furieux de sa blessure, s'élance contre la barque et la perce de son épée ; aussi les pêcheurs se tiennent-ils sur leurs gardes au moment de l'abordage, surtout si l'animal est d'une grandeur considérable et paraît conserver de la vie. Quelquefois il se sauve de leur poursuite, soit que le coup n'ait pas pénétré assez profondément, soit que la corde vienne à se rompre en lui laissant le fer dans la blessure. Si elle n'est que légère, il en guérit promptement, plusieurs ayant été pris couverts de cicatrices ; si elle est profonde, il meurt infailliblement, et devient la proie des autres poissons ou du premier occupant. »

Pêche de l'espadon.

Saumon.

IX

LE SAUMON

Une rangée de dents pointues sur les os maxillaires, une autre rangée aux intermaxillaires, autant aux palatins, deux rangées au vomer, deux sur la langue, deux sur les os pharyngiens (c'est l'armure buccale la plus compliquée que l'on connaisse) ; corps en fuseau couvert de petites écailles minces qui sont comme perdues dans l'épaisseur de la peau, une tête assez grosse, la robe généralement tachetée d'une manière agréable ; dans la natation une aisance et une force prodigieuses ; fécondité remarquable, chair excellente, estimée, qui forme le fond de la nourriture de plusieurs peuples, des mœurs intéressantes : tel est le saumon.

C'est un poisson du Nord. Poisson d'eau douce pendant la belle saison, poisson de mer pendant le reste de l'année. Il quitte la mer au printemps pour frayer, et voyage par troupes immenses ; un ordre remarquable règne parmi les voyageurs rangés sur deux files qui, réunies à l'avant, forment le coin ; c'est la disposition qu'observent dans l'air plusieurs oiseaux migrateurs. En tête de la colonne, la plus grosse femelle conduit le reste ; les plus petits mâles forment l'arrière-garde. Deslandes assure qu'ils se tiennent à la remonte le plus près possible du fond où le courant contre lequel ils ont à lutter est le moins rapide, tandis qu'au retour ils s'élèvent à la surface, pour profiter de toute la force du courant qui leur est alors favorable. C'est ainsi que les mariniers font remonter leurs bateaux le long du bord, et que, pour descendre, ils cherchent le milieu de l'eau. D'autres auteurs disent que les saumons se tiennent à la surface quand la température n'est point trop élevée, près du fond quand la chaleur est forte.

Ils remontent d'ordinaire avec lenteur et comme en se jouant, produisant un grand bruit, mais dès qu'ils se croient menacés, leur vitesse devient telle que l'œil a peine à les suivre. On dit qu'ils font alors jusqu'à 10 lieues à l'heure. Ni les digues, ni les petites cataractes ne les arrêtent; se couchant de côté sur des pierres, ils se courbent fortement en arc, puis se redressant avec violence, ils se trouvent projetés en l'air à une hauteur de 5 mètres et passent par-dessus l'obstacle. Ils s'avancent ainsi jusqu'aux sources des fleuves, parfois à plus de 800 lieues des côtes, cherchant dans les plus petits ruisseaux des endroits tranquilles, à fond de sable et de gravier et propices à la ponte. Ils restent dans les rivières et dans les lacs jusque vers la fin de l'automne, et, à cette époque, décimés, amaigris, regagnent l'Océan, où ils passent l'hiver.

Au moment de pondre, la femelle creuse dans le sable un trou allongé, profond de $0^{m},30$ à $0^{m},60$; profondeur où les œufs n'auront rien à craindre du froid. A ce rude travail, au dire de Grant, elle use ses nageoires. La ponte est excessivement abondante; dans un individu du poids de 10 kilogrammes on a compté 27,850 œufs. La femelle les recouvre de sable avec sa queue. Dès que les jeunes ont atteint $0^{m},30$ de long, ils gagnent à leur tour la mer.

Comme les hirondelles, les saumons reviennent chaque année aux lieux qu'ils ont habités l'année précédente. Le fait a été démontré par Deslandes. « J'avais, écrit-il, chargé les pêcheurs de Châteaulin de retenir une douzaine de saumons parmi ceux qui descendent la rivière, et après avoir attaché à chacun un petit anneau de cuivre vers la queue, de les remettre dans l'eau ; ce qu'ils ont exécuté avec beaucoup d'adresse, et en trois années différentes. J'ai ensuite su d'eux-mêmes qu'ils avaient repris quelques-uns de ces saumons, une année cinq, une autre année trois, une autre enfin deux. La disposition du coffre, et plus encore du réservoir où le coffre aboutit, rendait cette observation très-aisée. »

Pour le dire en passant, c'est à l'aide de pareils signes distinctifs attachés à des saumons par des riverains du golfe Persique, qu'on a reconnu qu'il existe des communications souterraines entre ce golfe et la mer Caspienne, entre celle-ci et la mer Noire, les poissons marqués dans le golfe ayant été repris dans les deux dernières mers.

L'accroissement du saumon est très-rapide ; à deux ans, il pèse déjà 3 à 4 kilogr. On en a pêché de 2 mètres de long, et pesant de 40 à 50 kilogr. Il abonde à tel point en certaines localités, qu'à

Berghem, par exemple, il n'est pas rare de voir des pêcheurs en rapporter 2,000 à la fin de leur journée. En quelques rivières d'Angleterre, on en prend jusqu'à 700 à la fois, et on rapporte qu'en 1750, dans la Ribble, un seul coup de filet en fournit 3,500.

On les pêche d'une foule de manières : au harpon, à la ligne, avec des filets de diverses formes ; en établissant sur les rivières qu'ils fréquentent des barrages destinés à les arrêter. En Écosse, les sportmen se plaisent à les poursuivre à cheval le long des rivières peu profondes, et à les atteindre avec des javelines barbelées, exercice qui demande beaucoup d'adresse. Mais ce n'est qu'un jeu ; la pêche proprement dite est une industrie des plus importantes, et, comme je l'ai dit, c'est en certaines contrées l'un des principaux moyens d'existence de ceux qui s'y adonnent.

Les Groënlandais les prennent tantôt à la main, en fouillant entre les grosses pierres où le poisson s'est retiré, tantôt en les perçant d'une fourche. La méthode la plus usitée est celle-ci : on forme une digue à l'embouchure des ruisseaux qui se déchargent dans la mer. Cette digue est construite en pierres, disposées cependant de manière à ne pas obstruer le courant du ruisseau ; on y pratique une petite écluse, pour faciliter davantage l'écoulement du ruisseau. Lorsque la marée monte,

Pêche du saumon en Islande.

elle couvre facilement la digue et l'écluse, de façon que le saumon n'a nulle peine à passer ; il remonte le ruisseau assez haut, et s'oublie très-souvent dans l'eau douce, mais à la marée descendante, l'écluse se ferme d'elle-même; alors le saumon se trouve enfermé dans un réservoir dont il ne peut plus franchir la digue ; bientôt il s'y trouve presque à sec, et les Groënlandais le prennent sans aucune peine.

En Islande, des pêcheurs, placés sur les deux rives d'un cours d'eau, tendent un filet en travers de celui-ci ; puis, marchant contre courant, ils poussent devant eux le saumon, qui, bientôt, ne pouvant plus reculer, s'élance sur le rivage. On en prend souvent jusqu'à 200 à la fois.

En Finlande, on borne la rivière, dans l'endroit où elle est le plus bruyante, à l'aide de pieux enfoncés dans son lit et entre lesquels on entrelace des branches d'arbres. On ne laisse que quelques ouvertures par où le poisson puisse passer ; mais ces ouvertures donnent dans des filets d'où le poisson, une fois entré, ne peut sortir.

« Les paysans riverains sont d'une adresse incroyable, dit Acerbi, pour marcher sur ces pieux, que le courant fait souvent mouvoir d'une manière sensible à la vue. Hommes, femmes, enfants, tous sautent de pieux en pieux avec la plus singulière agilité. Nous désirâmes leur aider à tirer leurs filets; nous fûmes assez téméraires pour franchir un tiers de la palissade, mais la vue de l'eau, dont le courant passait avec rapidité sous nos pieds, fit tourner la tête à un de nos compagnons, et, s'il ne se fût arrêté à temps, il serait tombé dans la rivière. Les enfants et les hommes même se confieat trop témérairement à leur légèreté, et il est rare qu'il se passe une année sans que quelqu'un d'eux ne tombe dans l'eau, au risque de se noyer, attendu que la violence du courant empêche que l'on tienne à portée un bateau pour donner du secours. »

A l'ouest des montagnes Rocheuses, les Indiens Shoshonies se livrent, sur la rivière des Serpents, à la *pêche des saumons*. Il est un endroit nommé Chute-du-Saumon; c'est une succession de rapides, au-dessus de laquelle est une chute perpendiculaire de plus de 6 mètres ; on y prend une quantité incroyable de saumons. Ils commencent à sauter peu après le coucher du soleil, remontant le cours de la rivière. C'est alors que les Indiens arrivent en nageant au milieu des chutes. Quelques-uns se placent sur des rochers, d'autres restent debout dans l'eau jusqu'à la ceinture, et tous, armés de lances, harponnent les saumons, lorsque ceux-ci essayent de sauter ou lorsqu'ils retombent en arrière. C'est un massacre continuel.

La construction de la lance destinée à cet usage

est toute particulière. Elle est armée d'un morceau de corne d'élan, droit, et long d'environ 7 pouces, sur la pointe duquel une barbe artificielle est fixée avec du fil bien gommé. Ce fer est attaché par

Indiens harponnant les saumons à la lance dans les montagnes Rocheuses.

une forte corde de quelques pouces de longueur, à une grande perche de saule. Quand le pêcheur frappe juste, le fer de lance traverse souvent le corps du poisson. Il se détache ensuite facilement, et laisse le saumon se débattre avec la corde dans son corps, tandis que le pêcheur tient la perche. Sans cet arrangement, la baguette de saule serait cassée par le poids et les secousses du poisson. On en prend plusieurs milliers dans une journée. Un voyageur, M. Millin, témoin de cette pêche, assure avoir vu un saumon faire un saut de près de 50 pieds, depuis l'endroit où l'eau commence à écumer jusqu'au sommet de la chute.

Deslandes a décrit les pêcheries de Châteaulin, en basse Bretagne.

« L'établissement consiste dans un double rang de pieux serrés les uns contre les autres, qui traversent la rivière d'un côté à l'autre, et qui étant enfoncés à refus de mouton, forment une espèce de chaussée sur laquelle on peut passer. A gauche, en amont, est une sorte de coffre en grillage, qui a 15 pieds sur chaque face : on l'a tellement ménagé, que le courant de la rivière s'y porte de lui-même. Au milieu de ce coffre, et presque à fleur d'eau, se voit un trou de 18 à 20 pouces de diamètre, environné de lames de fer-blanc un peu recourbées, qui ont la figure de triangles isocèles, et qui s'ouvrent et se ferment facilement. Leur assemblage ressemble assez aux ouvertures des souricières faites avec du fil de fer. Le saumon, conduit par le courant vers le coffre, y entre sans peine en écartant les lames de fer-blanc qui se trouvent sur sa route, et dont les bases bordent le trou. Ces lames, en se rapprochant les unes des autres, forment un cône, et elles ouvrent jusqu'à devenir un cylindre. Au sortir du coffre, le saumon entre dans un réservoir, d'où les pêcheurs le retirent par le moyen d'un filet attaché pour cela au bout d'une perche. Leur adresse est en cela si grande, qu'ils ne manquent point de retirer aussitôt celui qu'ils choisissent de l'œil.

« Les saumons ne viennent pas toujours avec la même abondance. Quand ils se suivent de loin, ils se rendent tous dans le coffre, et du coffre dans le réservoir, sans monter davantage ; mais quand ils arrivent par grandes troupes, les femelles attirant les mâles, qui redoublent d'ardeur et de force pour les suivre, alors ils passent à travers les pieux qui forment la chaussée, et avec une vitesse incroyable : à peine les peut-on suivre des yeux. Par ce moyen un grand nombre de saumons échapperaient aux pêcheurs, s'ils n'avaient l'attention de s'embarquer dans de petits bateaux plats, et de se couler le long de la chaussée, en y tendant des filets dont les mailles sont extrêmement serrées : tout le poisson qui s'y prend est aussitôt porté dans le réservoir, où il se dégorge et acquiert un goût plus exquis. »

Cette pêche s'ouvre vers le mois d'octobre ; elle est dans son fort vers la fin de janvier. On prend alors des quantités prodigieuses de poissons. Elle diminue en mai, et cesse entièrement au mois de juillet.

Saumons sautant une chute d'eau.

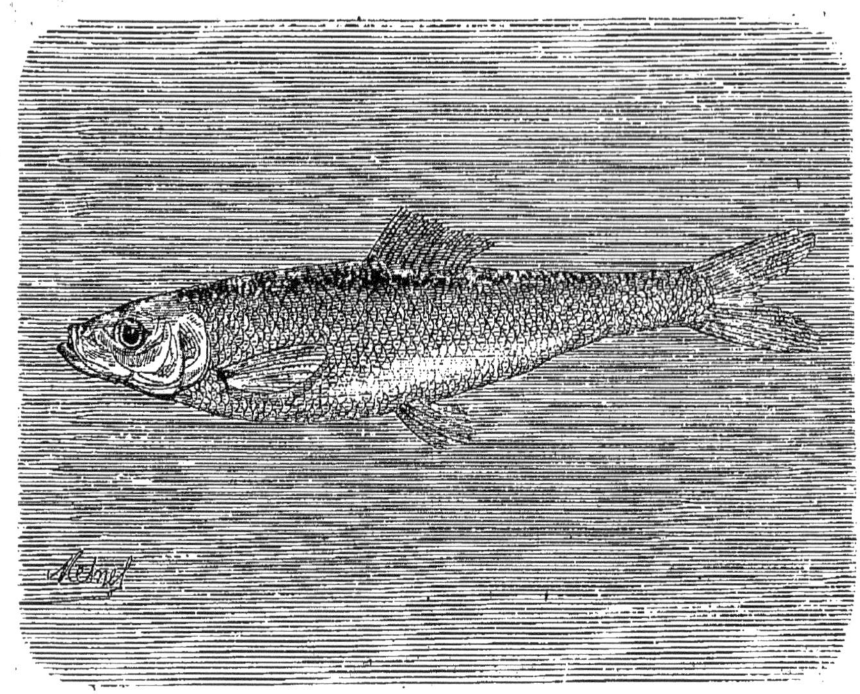

Hareng.

X

LE HARENG

Vivant, il est d'un vert glauque sur le dos, blanc sur les côtes et le ventre; mort, le vert du dos se change en bleu. Il habite l'hémisphère nord. Du pôle boréal au 45ᵉ degré de latitude, on le trouve dans toutes les mers, formant, en certaines saisons, des bancs longs et larges de plusieurs lieues, et d'une épaisseur énorme, et si denses que les poissons qui les forment s'étouffent les uns les autres par milliers sur les bas-fonds, et que parfois les filets qu'ils remplissent, trop faibles pour soulever un tel poids, se déchirent. La route qu'ils suivent est dénoncée la nuit par l'éclat phosphorique qu'ils répandent; le jour, par les bandes d'oiseaux carnassiers qui les escortent. Quelques baleines, le marsouin, le morse, le requin, en font une consommation immense; Bloch a calculé que, dans une seule localité de la Suède, on en pêche annuellement plus de 700 millions; qu'on juge après cela de ce que peuvent en rapporter les quelques milliers de navires que les nations européennes consacrent à cette pêche, qui est la *grande pêche* par excellence! Mais la fécondité des harengs compense toutes ces causes de destruction; on a compté dans une femelle 68,606 œufs. Ajoutons que les femelles sont plus nombreuses que les mâles, dans le rapport de 7 à 2.

C'est le type du poisson migrateur, au dire des anciens écrivains; ils ont même tracé sur des cartes la marche que le hareng suivrait chaque année, et voici comment l'un d'eux raconte cet itinéraire :

« La grande caravane qui part tous les ans en janvier de dessous les glaces du Nord, se partage en deux principales bandes : l'aile droite dirige sa

Pêche du hareng en Islande

course au couchant, et arrive en mars sur les côtes d'Islande ; l'aile gauche va vers l'orient, et se divise, à une certaine hauteur, en plusieurs bandes ; quelques-unes se rendent sur les bancs de Terre-Neuve ; d'autres nagent vers les côtes de Norwége et entrent par le Sund dans la mer Baltique ; d'autres s'acheminent vers la pointe septentrionale du Jutland, et, après s'y être tenues quelque temps, vont rejoindre les bandes de la mer Baltique, en passant par le Belt ; et, après être restées quelque temps ensemble, elles se séparent de nouveau, pour se rendre sur les côtes de Holstein, du Tessel et du Zuiderzée. »

La bande qui se porte au couchant est la plus nombreuse. « Arrivée sur les côtes d'Écosse, elle se sépare en deux colonnes, dont l'une se rend sur les côtes d'Angleterre, de Frise, de Zélande, de Brabant et de France, tandis que l'autre va côtoyer l'Islande. Toutes se rejoignent dans le canal d'Angleterre, très-affaiblies par les pertes immenses qu'elles ont faites, et vont disparaître dans la mer Atlantique. »

Et l'auteur ajoute :

« Ce qu'il y a de merveilleux en ceci, c'est que toutes les bandes de ces harengs, partis en une seule caravane, ont aussi un rendez-vous général : on ignore le lieu et le temps de ce rendez-vous ; mais il est certain qu'après avoir reçu des échecs énormes, la grande caravane arrive enfin aux plages d'où elle était partie, divisée en deux bandes qui ont pris une route toute différente; l'une de ces bandes arrive par la partie de l'est et l'autre par le nord. »

A ce système on fait des objections très-fortes.

Il est clair, par exemple, que si ces poissons, partis tous ensemble des mers du Nord, se séparent à la hauteur de l'Islande en deux colonnes, dont l'une gagne l'Europe et l'autre l'Amérique, ces deux colonnes devront arriver à peu près à la même époque sur les côtes de l'ancien et du nouveau continent. Or c'est au mois d'avril qu'ils paraissent en Amérique, et en hiver qu'ils se montrent en Europe. Mais ce qui est le plus décisif, c'est que le hareng d'Amérique n'est pas de la même espèce que le hareng d'Europe. Pour les harengs, comme pour tant d'autres espèces autrefois réputées voyageuses, on s'accorde aujourd'hui à admettre qu'ils changent simplement d'altitude.

La pêche du hareng est une des plus importantes; elle occupe chaque année des flottes entières. Vers le milieu du dix-septième siècle, les Hollandais y employaient 2,000 bâtiments, et on a évalué à 800,000 le nombre de personnes que cette branche d'industrie faisait vivre seulement dans les deux provinces de la Hollande et de la Frise occidentale. Les Norwégiens, les Américains, les Écossais, les Anglais, les Français s'y adonnent aussi en grand nombre. Cette pêche est cependant en décroissance chez nous.

Elle se fait d'ordinaire avec des filets de dix à douze mètres de long, dont le bord inférieur est alourdi par des pierres, tandis que le bord supérieur est maintenu à flot au moyen de barils vides, et dont les mailles sont juste assez grandes pour permettre au hareng d'y enfoncer la tête jusqu'au delà des ouïes, sans permettre aux nageoires pectorales de passer. Le poisson, en cherchant à vaincre l'obstacle que cette grande cloison verticale oppose à son passage, « s'emmaille, » et ne pouvant plus, à cause de ses nageoires et de ses ouïes, ni avancer ni reculer, il reste prisonnier jusqu'à ce que les pêcheurs tirent le filet à bord. Le nombre des harengs qui se prennent de la sorte est quelquefois si considérable, qu'en peu d'instants tout le filet s'en trouve garni. En général, cette pêche se fait loin du port, et pour conserver le poisson on le sale à bord.

Les harengs *frais* sont lavés et arrangés avec soin dans des paniers : il faut les manger dans la journée. — Les harengs *salés* sont d'abord *caqués*, c'est-à-dire qu'on leur enlève, par une incision à la gorge, l'estomac et les intestins. Ensuite on les *traille*, ce qui se fait en les couvrant de sel et en les enfermant dans des barils. Au bout de quinze jours, on les en retire, on les lave dans leur saumure, et on les *parque*, autrement dit on les range méthodiquement par couches dans des barils pour les livrer au commerce. — Les harengs *saurs* sont traillés sans être caqués, puis on les embroche par les joues dans des baguettes de saule ou de coudrier, et on les suspend, pour les *fumer*, dans des tuyaux de cheminée où arrive la fumée d'un feu doux entretenu par du hêtre, du chêne ou de l'aune. C'est Buckalz, mort en 1447, qui a inventé l'art de saler les harengs, art sans lequel la pêche n'aurait pas de but.

Banc de harengs phosphorescents.

Morue.

XI

LA MORUE

Depuis le quatorzième siècle, la morue est l'objet d'une des pêches les plus actives auxquelles se livrent les nations maritimes. Cependant le nombre de ces poissons ne paraît pas diminuer. On ne s'en étonnera point quand on saura que Leuwenhoeck a compté 9,344,000 œufs dans une seule femelle.

La morue se rencontre dans toutes les mers de l'hémisphère boréal comprises entre le quarantième et le soixantième degré de latitude. « La Providence, disait un ancien auteur (Schonneveld), fait abonder ce poisson dans les pays septentrionaux, en Danemark, en Norwége, en Suède, en Islande, dans les îles Orcades, dans plusieurs endroits de Moscovie, et dans d'autres contrées qui ne produisent point de froment à cause du trop grand froid et de l'inclémence de l'air. Pour peu que la pêche en soit favorable, non-seulement tous les habitants se nourrissent de ces poissons, tant frais que séchés, au lieu de pain, mais ils en vendent encore une très-grande quantité à des marchands étrangers, qui les transportent dans l'intérieur de l'Europe.

Leur rendez-vous général paraît être sur le grand banc qui s'étend devant Terre-Neuve, auquel on donne, à cause de cela, le nom de *grand banc de morue*. C'est une saillie sous-marine de cent lieues de long sur soixante de large. L'accumulation de ces poissons y est quelquefois si grande, que du matin au soir les pêcheurs ne sont occupés qu'à jeter la ligne, à la retirer, à éventrer la morue prise pour amorcer leurs hameçons avec ses entrailles. Elles y sont si pressées les unes contre

Pêche de la morue.

les autres, qu'une ligne, jetée au hasard au milieu d'elles, en accroche souvent plusieurs par une partie quelconque du corps. Un seul homme peut en prendre de trois à quatre cents en un jour.

Leur voracité passe toute expression. Des mollusques, de gros crabes, une foule de poissons, les merlans, et les harengs surtout, etc., les morues elles-mêmes composent l'ordinaire des morues. Elles se jettent indifféremment sur tout ce qui se présente, même sur des morceaux de plomb. « Je ne saurais, dit Anderson, m'empêcher de remarquer ici, en passant, que ce poisson insatiable a reçu de la nature un avantage singulier, que beaucoup de nos gourmands souhaiteraient pouvoir partager avec lui : c'est que toutes les fois que son avidité lui a fait avaler un morceau de bois ou quelque autre chose d'indigeste, il vomit son estomac, le retourne devant sa bouche, et après l'avoir vidé et bien rincé dans l'eau de la mer, il le retire à sa place et se remet sur-le-champ à manger. » Leurs organes digestifs fonctionnent d'ailleurs si rapidement, qu'en moins de six heures, d'après Lacépède, l'annihilation de l'aliment, quel qu'il soit, est opérée. En certains endroits, pour prendre le *schelfisch* ou *égrefin*, qui est une espèce de morue plus petite que le *cabeliau* ou morue proprement dite, les pêcheurs mettent leur ligne en mer pour six heures. Or il arrive qu'un schelfisch s'y prend aussitôt, et que tout de suite après il est avalé par un cabeliau. Dans ce cas, lorsque le pêcheur retire sa ligne, il n'y a plus trace de schelfisch à l'intérieur de la grande morue capturée ; et celle-ci ne met guère plus de temps à digérer de gros crabes.

La pêche se fait ordinairement à la ligne, rarement au filet. On amorce avec du hareng des mollusques ou des fragments de morue. Ce poisson se laisse prendre d'ailleurs aux plus grossiers appâts, à un morceau de drap rouge, par exemple. Dans les cas ordinaires, quatre hommes en peuvent prendre de 5 à 6 cents en 24 heures.

Le poisson pris, il s'agit de le préparer. Le plus souvent on le sale, soit à bord du navire, soit dans des établissements formés sur la côte. On coupe d'abord la tête de la morue, puis on l'ouvre pour en extraire les viscères et une partie de la colonne vertébrale ; ensuite on l'étend entre deux couches de sel. Au bout de quelques jours, quand le sang s'est dégagé, on la met dans de nouveau sel et on l'entasse dans des barils.

D'autres fois on la fait sécher.

Ainsi préparée, la morue peut se conserver longtemps. Sa chair n'est pas la seule partie dont on fasse usage ; sa langue, fraîchement salée, est un morceau délicat ; on en mange le foie, et cet organe donne en outre une huile employée en médecine contre les scrofules, les maladies de poitrine et le rachitisme. Sa vessie natatoire fournit une colle qui ne le cède en rien à celles de l'esturgeon ; on conserve ses œufs pour la table. Ses intestins mêmes deviennent un objet de commerce, étant employés comme appât dans la pêche des sardines.

Séchage de la morue.

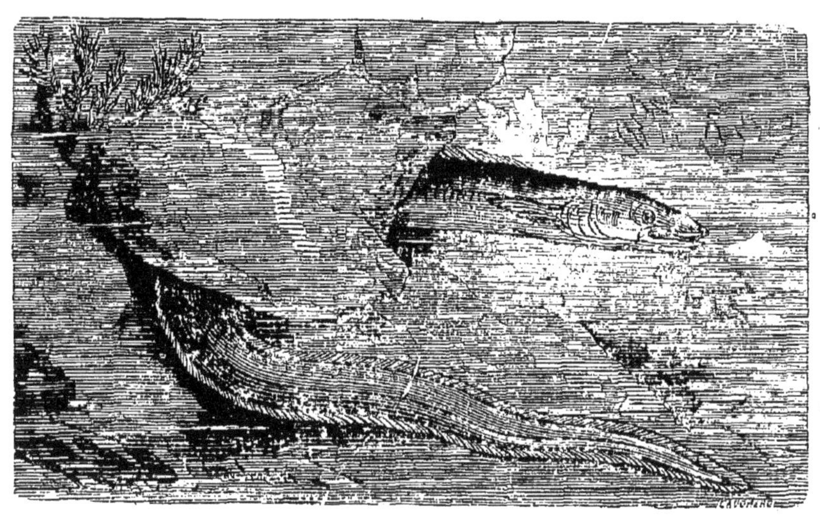

Anguille.

XII

L'ANGUILLE

L'anguille est un des poissons les plus répandus à la surface du globe ; on la rencontre dans toutes les parties du monde. Douces ou salées, vives ou stagnantes, toutes les eaux lui sont bonnes ; elle pullule jusque dans les moindres marais. Sa longueur ordinaire est de 66 centimètres à 1 mètre, mais il y en a qui exceptionnellement atteignent presque le double de cette dernière dimension. Lacépède dit que des anguilles du poids de 8 à 10 kilogrammes ne sont pas rares en Angleterre et en Italie. L'agilité de ce poisson est passée en proverbe. Il nage en effet avec une extrême vivacité, quoique ses nageoires soient fort peu développées. Il se meut dans l'eau exactement comme le serpent sur le sol, par des mouvements de flexion imprimés à tout le corps. Sa peau, toujours enduite d'une mucosité abondante sécrétée par des pores qu'on voit tout le long de la ligne latérale, lui permet de glisser aisément entre les doigts qui veulent le saisir. Durant le jour il reste ordinairement enfoncé dans la vase, blotti dans des trous qu'il creuse lui-même près des rivages et qui ont une double issue. C'est la nuit qu'il va à la recherche de sa nourriture, qui se compose de vers aquatiques, de petits poissons, de grenouilles, de frai ou, pour mieux dire, de tout ce qu'il rencontre, car c'est un animal très-vorace ; on l'a vu saisir et entraîner sous l'eau de petits canards nouvellement éclos ; on prétend même qu'il ne dédaigne pas les substances végétales, et qu'il se rend quelquefois à terre pour y manger les pois nouvellement semés.

On a débité sur le mode de propagation des anguilles une foule de contes ridicules : qu'elles naissaient de la fange ; qu'en se frottant contre les pierres, elles détachaient de leurs corps de certaines particules qui se transformaient en anguilles ; qu'elles naissaient sur les branchies de divers poissons, etc... Quelques pêcheurs des bords de la Seine vous diront que les anguilles n'ont pas d'autres parents que les écrevisses.

La vérité est qu'on ignore comment elles se reproduisent. Mais, ce qui est certain, c'est qu'elles sont d'une extrême fécondité et qu'elles produisent plusieurs fois chaque année ; et comme la durée de leur vie est fort longue (on assure qu'elles deviennent centenaires), les eaux en seraient infestées si une foule d'oiseaux et de mammifères aquatiques et si l'homme n'y mettaient bon ordre. Spallanzani raconte que, dans les seuls marais de Commachio, près de Venise, et dans une seule année, on en pêcha 990,000. Dans le Jutland, on en prend quelquefois de 9 à 10,000 d'un seul coup de filet, et Noël écrit que, le long des rivages de la basse Seine, les pêcheurs les prennent à pleins baquets. Elles sont en tel nombre dans les moindres fossés des environs de Rouen, qu'au rapport de M. Pouchet, les enfants s'amusent à les prendre à la main.

Au printemps, les jeunes anguilles remontent es fleuves par bandes innombrables ou plutôt par bancs gigantesques, pour se répandre dans les fossés et dans les étangs ; c'est ce qu'on nomme la montée. A l'automne, elles redescendent vers la mer et on les voit s'accumuler dans certaines anses où les conduisent les barrages des pêcheurs, en telle quantité que, montant les unes par-dessus les autres, elles dépassent la surface de l'eau. Elles ne voyagent que pendant les nuits obscures ; et leurs colonnes s'arrêtent dès que la lune vient à briller ou qu'une lumière artificielle s'allume sur leur route.

La pêche se fait soit avec des hameçons suspendus à des lignes de fond, soit avec la seine. On procède plus grandement lorsqu'on peut mettre à sec l'étang qu'elles habitent ; on fait alors écouler les eaux, puis, piétinant sur la vase dans laquelle les anguilles se sont cachées, on les force à sortir de leurs trous ; si elles s'y refusent, ou si les trous sont trop profonds pour qu'on puisse atteindre les poissons avec la main, on les traite comme des renards, on les enfume, ce qui les force tout de suite à déguerpir.

À Commachio, lieu déjà cité, un immense appareil, le plus considérable qui existe, et fondé sur la connaissance approfondie des mœurs et des habitudes des anguilles, permet d'opérer leur capture dans des conditions toutes spéciales et sur une échelle gigantesque. Spallanzani a décrit ce vaste mécanisme, et, comme il convenait à un tel observateur, il a entremêlé sa relation de détails de mœurs pleins d'intérêt. C'est son récit qu'on va lire, seulement nous abrégeons considérablement.

« La lagune de Commachio, qui peut avoir 150 milles de circonférence, est divisée en quarante bassins entourés de digues, qui tous ont une communication constante avec la mer. Elle donne asile à plusieurs espèces de poissons ; les anguilles sont les plus nombreuses, et leur affluence est telle, que les habitants de Commachio en font commerce dans toute l'Italie. Chaque bassin est surveillé par un chef que l'on nomme *facteur*, lequel a plusieurs employés sons ses ordres, et quoique la pêche n'ait lieu qu'à certaines époques fixes, cependant la manutention et la garde des bassins exigent qu'ils soient à leur poste toute l'année.

« Ils sont très-occupés en deux saisons : la première, quand les anguilles nouvellement nées entrent dans les bassins ; la seconde, quand les anguilles devenues adultes cherchent à sortir.

« Le 2 février, on laisse tous les passages libres jusqu'à la fin d'avril : c'est dans le cours de ces trois mois que les petites anguilles quittent spontanément les eaux du Pô pour venir dans les bassins ; plus le temps est orageux, plus leur affluence est grande ; d'autres petits poissons passent en même temps qu'elles et se font voir à fleur d'eau ou à peu de profondeur ; les anguilles, au contraire, rasent toujours le fond, et ne se montrent point. Cependant les pêcheurs ont un moyen de reconnaître si *la montée* est abondante ou stérile ; avec de petites branches d'arbres ils composent des fascines qu'ils font descendre avec un pieu jusqu'au fond des clefs, où elles restent jour et nuit; le pêcheur de garde les lève de temps en temps, les secoue sur la terre, fait tomber les anguilles qui se sont entortillées dans ses branches, et selon que le nombre en est plus ou moins considérable, il juge de l'abondance ou de la stérilité du passage, ce qui serait difficile à savoir de toute autre manière.

« Les anguilles, une fois entrées dans ces bassins, ne cherchent plus à en sortir qu'elles ne soient adultes; sans doute parce qu'elles y trouvent une nourriture qui leur plait. — Une fois, c'était au printemps, le fleuve vint à grossir plus qu'à l'ordinaire et à surmonter les digues des bassins, de manière qu'ils ne formaient plus ensemble qu'un grand lac. On craignit que la plupart des anguilles ne se fussent évadées; mais l'événement ne justifia pas ces craintes; la pêche de l'automne suivante fut aussi abondante que celle des années précédentes.

« Le même instinct qui détermine les anguilles à se transporter dans la lagune de Commachio aussitôt après leur naissance, et à y séjourner tant qu'elles sont jeunes, les sollicite à en sortir quand elles deviennent adultes. Et quoique, par cette raison, il n'y ait aucun mois de l'année où quelques-unes d'entre elles ne tentent leur évasion, et où les pêcheurs qui les guettent ne tâchent de les surprendre, cependant, c'est en octobre, novembre et décembre qu'elles entrent pour l'ordinaire dans l'âge adulte, et que la grande pêche a lieu. Alors arrive l'époque des grandes émigrations, qui ne s'effectuent que pendant la nuit, encore faut-il que la lune ne soit pas levée sur l'horizon. Si la lune les surprend pendant qu'elles cheminent, elles s'arrêtent aussitôt et attendent la nuit suivante pour continuer leur marche. Mais quand les nuits sont entièrement obscures, orageuses, que le vent du nord souffle avec violence, et qu'il y a reflux de la mer, alors le nombre des anguilles voyageuses s'augmente considérablement.

« Les pêcheurs assurent que le feu ordinaire retient également les anguilles, et ils en ont l'expérience. C'est leur usage de pratiquer au fond des bassins de petits chemins bordés de roseaux par où passent les anguilles voyageuses, chemins qui les conduisent dans une espèce de chambre étroite également formée de roseaux, dont elles ne peuvent plus sortir. Si les pêcheurs se font accompagner d'une lumière pour les prendre dans cette enceinte, celles qui n'y sont pas encore entrées s'arrêtent subitement ; mais elles continuent leur chemin, et vont s'emprisonner à leur tour, si les pêcheurs font leur opération dans l'obscurité. Quand un certain nombre d'anguilles s'est engagé dans ces défilés, il peut arriver que les pêcheurs

Pêche de l'anguille aux lagunes de Comacchio.

n'en veulent pas davantage pour le moment ; alors ils se contentent d'allumer des feux à l'entrée, et les anguilles ne passent pas outre. Ce moyen d'arrêter les animaux pendant l'obscurité de la nuit, de les aveugler, et d'aller sur eux sans qu'ils songent à fuir, était bien connu, et l'on savait surtout s'en prévaloir pour prendre les oiseaux et les poissons ; mais on n'aurait pas imaginé peut-être que la lumière lunaire fût capable de produire les mêmes effets sur les anguilles.

« Ce sont donc les nuits totalement obscures qui favorisent leurs migrations, et qui, par des routes insidieuses, conduisent à leur perte celles de Commachio. Si la mer est tempétueuse, s'il souffle des vents froids accompagnés de pluie, les captures que l'on en fait augmentent outre mesure ; c'est alors un spectacle singulier de voir ces chambres de roseaux où les anguilles arrivent et se pressent, et s'entassent au point de les remplir au-dessus de la surface de l'eau ; ce n'est pas qu'elles ne pussent s'en retourner en suivant les mêmes chemins par où elles sont venues, mais le désir inné d'abandonner les marais à cette époque et de se transporter dans la mer les retient dans cette enceinte, où elles s'efforcent toujours, mais inutilement, de passer outre. Malgré leur encombrement dans un espace aussi étroit, elles ne souffrent pas, attendu que la marée agite l'eau et la renouvelle sans cesse. C'est là que les pêcheurs les ramassent dans leurs filets à mesure qu'ils en ont besoin. Ils en transportent une partie à Commachio pour en faire de la salaison ; ils vendent l'autre à des marchands, qui en remplissent les viviers de leurs bateaux et les conduisent vivantes le long du Pô, du Tésin, etc., d'où elles passent en divers lieux de l'Italie. Cette pêche dure trois mois. Afin qu'on se fasse une idée de son importance, nous donnerons, d'après Spallanzani, le relevé de la quantité de poissons pris en cinq années. Disons d'abord qu'un *rubio* contient en moyenne 40 anguilles.

En 1781.	93,441	rubios.
En 1782.	110,991	—
En 1783.	78,589	—
En 1784.	88,175	—
En 1785.	67,568	—

Pêche de l'anguille dans les cours d'eau de Normandie.

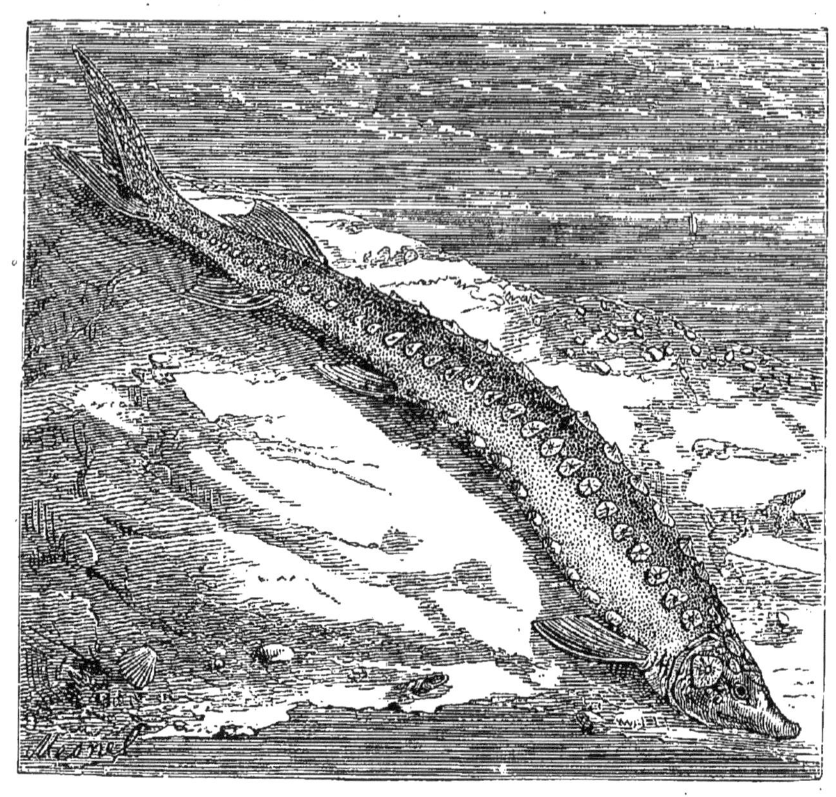

XIII

L'ESTURGEON

La forme générale est celle des squales, groupe qui renferme le requin. La taille ne le cède guère à celle du requin, car le grand esturgeon atteint de 8 à 9 mètres de long. H. Cloquet pense même qu'il peut aller à 10 mètres. La bouche est, comme chez le requin, située sous la tête et fort en arrière de l'extrémité du museau, mais cette bouche est petite, et les dents, loin d'être aiguës et tranchantes comme celles du requin, manquent totalement; des cartilages d'ailleurs assez durs en tiennent lieu. Ces géants, malgré leur force, ne sont dangereux que pour ceux qui ne peuvent se défendre, pour les vers dont ils s'emparent en fouillant la vase avec leur museau, pour les harengs, les maquereaux et les gades, pour les canards et les oies sauvages, pour les saumons aussi qui, remontant le fleuve en même temps que l'*esturgeon ordinaire*, sont décimés par celui-ci, ce qui a fait croire qu'il en était le chef et lui a valu le nom de *conducteur des saumons*. C'est donc une espèce non dangereuse pour l'homme; aussi jouit-il parmi nous de la réputation d'un animal paisible; sans doute les harangs et les oies en pensent différemment. Toutefois ce que Pallas dit que le *grand esturgeon* dévore les veaux marins, c'est-à-dire les phoques, me le rendrait suspect, humainement parlant... si on pouvait se fier à Pline.

Des rangs de boucliers osseux s'étendent le long du corps en forme d'armure; la tête elle-même est très-cuirassée. Entre la bouche et l'extrémité du museau sont des barbillons très-mobiles, qu'un petit poisson étourdi peut aisément prendre pour des vers. Qui s'y trompe paye la méprise de sa vie. L'hercule esturgeon est un pêcheur à la ligne. La vessie natatoire, qui est un des titres de l'animal à la considération de l'homme, est très-grande et communique par un large trou avec l'œsophage.

Ils vivent indifféremment dans les eaux douces et dans les eaux salées, dans les fleuves et dans les lacs. Deux espèces déjà nommées méritent une attention spéciale : ce sont l'*esturgeon ordinaire* et le *grand esturgeon*.

L'esturgeon ordinaire a le museau pointu ; quatre barbillons, cinq rangs d'écussons forts, épineux, dont quelques-uns ont jusqu'à $0^{m},16$ de diamètre. Il est d'un blanc sale, tacheté de brun sur le dos, de noir sur le ventre.

Il habite l'Océan, la mer Rouge, la Méditerranée, la mer Noire, la Caspienne. Dès que la chaleur du printemps se fait sentir, il remonte les grands fleuves (Volga, Danube, Tanaïs, Pô, Garonne, Loire, Rhin, Elder, Oder), et même les rivières secondaires ; on en a pris dans la Moselle en 1758, et en 1782, on en pêcha deux à Paris qui furent portés à Versailles et présentés au roi. En 1800, on voyait dans les bassins de la Malmaison un esturgeon qui avait été capturé à Neuilly. On en prend communément de 6 mètres de long ; un poisson de cette taille fut capturé dans la Loire et offert à François Ier pendant le séjour de celui-ci à Montargis; on dit qu'il y en a en Norwége qui pèsent 500 kilogrammes, et c'est aussi, d'après Pline, le poids de quelques-uns de ceux qui fréquentent le Pô. Notons qu'ils peuvent vivre quelques jours hors de l'eau, ce qui tient à la conformation de l'opercule, qui, bordé d'une peau molle, peut boucher hermétiquement l'ouverture de la cavité branchiale.

C'est pour y déposer leur frai qu'ils remontent les fleuves. Leur fécondité est très-grande; dans un individu qui ne pesait que 80 kilogrammes on a compté 1,467,856 œufs. Pendant le mois de mai l'esturgeon commun et l'espèce dont il sera question tout à l'heure remontent l'Iaïk en si grand nombre, qu'un barrage établi en travers sur ce fleuve et sur lequel pèsent leurs colonnes, en éprouverait de sérieux dommages, si pour préserver cette construction, les Cosaques ne les dispersaient à coups de canon.

La chair de l'esturgeon est très-délicate, celle du mâle est la meilleure; les Grecs la tenaient en grande estime. Les Romains de l'empire rendirent à ce poisson une sorte de culte; on vit des officiers publics, couronnés de fleurs et escortés de musiciens, porter en triomphe par les rues des esturgeons pompeusement ornés. Au moyen âge, tous les esturgeons pêchés en Angleterre appartenaient au roi; en France, quelques chartes attribuaient le même privilége aux seigneurs. On ne fait plus de folies pour l'esturgeon, mais on le regarde toujours comme un mets délicat. Les œufs, comme produit commercial, l'emportent encore sur la chair. Choisis, lavés, pétris avec le sel et d'autres assaisonnements, et ayant alors une certaine ressemblance avec le savon vert de Hambourg, ces œufs constituent le *caviar*, aliment dont les Grecs et les Russes, astreints chaque année à trois carêmes, rigoureusement observés, font une énorme consommation.

La pêche commence en février dans la Garonne et dure jusqu'en juillet ou août, quelquefois même plus tard. On tend des filets dans lesquels ils s'embarrassent, ou bien on les capture avec une seine traînée par deux petites chaloupes, dont chacune est montée par trois ou quatre hommes. Quand un esturgeon est pris, on lui passe une corde à travers les ouïes et la gueule et on l'amarre au bateau, puis la pêche continue. Ils peuvent vivre ainsi plusieurs jours. Quand on a fait assez de prisonniers, on les mène à Bordeaux, où l'esturgeon est si commun que tout le monde en mange.

lbert le Grand rapporte que sur le Danube on tuait ces poissons à coups de harpons pendant qu'ils dormaient étendus sur le sable. J'ignore si cette méthode est toujours en usage; elle a quelque analogie avec celle qu'emploient les pêcheurs du

Pô. Trois ou quatre barques se mettent doucement à la poursuite de l'esturgeon, manœuvrent de manière à le pousser vers le rivage ; cela fait, ils poussent de grands cris ; l'animal effrayé se laisse échouer ; ils l'attaquent alors, et c'en est fait de lui.

En Russie, comme les esturgeons sont très-abondants, au lieu de tuer tous ceux qu'on prend, on en transporte une partie dans les lacs voisins transformés en viviers, où ils vivent heureux comme des poissons dans l'eau jusqu'à l'hiver suivant. D'après Pallas, quiconque entamerait cette réserve avant l'heure encourrait la bastonnade et même la mort ; aussi les pêcheurs qui exploitent ces lacs rejettent-ils à l'eau tous les esturgeons qui se prennent dans leurs filets pendant l'été. Le froid venu, le poisson est de bonne prise ; on l'expédie gelé dans l'intérieur de la Russie, et c'est la source d'un grand profit.

Les Ostraks le mangent cru après sa sortie de l'eau, par tranches humectées du sang de l'animal ; les nerfs dorsaux et les cartilages sont leurs mets de prédilection ; mais il faut avoir grand soin de n'y pas toucher avec un couteau ; sans cela de longtemps la pêche ne rémunérerait pas les pêcheurs !

Les Hollandais le coupent en morceaux qui, salés et marinés, sont mis en barils et expédiés en divers pays, notamment en Angleterre. Les Italiens coupent l'épine dorsale par tranches, la

Pêche à l'esturgeon sous la glace, en Russie.

salent et la fument, et ce mets, très-estimé par delà les monts, est la *spinachia*.

Le *grand esturgeon* ou *nausen* a le museau et les barbillons plus courts que le précédent, sa peau est plus lisse, ses boucliers sont moins saillants. Il atteint une taille bien plus grande. Pallas note qu'un de ces poissons pêché en 1769 avait 8^m,60 de long, qu'il pesait 1,155 kilogr. et qu'on en retira 330 kilogr. d'œufs. D'après le poids de chacun de ceux-ci, on suppose qu'il y en avait 30,412,860. H. Cloquet dit qu'on en pêche souvent du poids de 1,400 kilogr., et il pense que le grand esturgeon peut atteindre une longueur de 15^m,33.

On ne les trouve que dans la mer Noire, dans la mer Caspienne et dans les fleuves qui s'y versent. Pendant l'hiver ils se retirent dans de grandes cavités le long des rivages où ils se tiennent serrés les uns contre les autres, non engourdis cependant, mais ne prenant guère pour toute nourriture que le mucus visqueux qui enduit leur corps et qu'ils s'empruntent mutuellement. Le printemps venu, ils remontent pour frayer le Danube et le Volga en troupes bien autrement nombreuses que celles de l'esturgeon ordinaire, poursuivant les poissons et particulièrement une espèce de cyprin avec une activité dont rend bien compte le long jeûne qu'ils viennent d'éprouver. C'est alors, qu'au dire de Pallas, ils se jettent indistinctement sur tout ce qui s'offre à eux, veaux marins, oies et canards, morceaux de bois ou joncs flottants sur l'onde.

Tout en eux est utile, la peau, la chair, les œufs, la vessie natatoire, la graisse ; aussi sont-ils l'objet d'une pêche très-active. La plus grande partie du *caviar* qui se trouve dans le commerce provient d'eux, et c'est principalement avec eux qu'on fait l'*ichthyocolle*. Le grand esturgeon passe pour rapporter à la Russie plus de dix-sept cent mille roubles.

On le pêche en hiver et au printemps.

La pèche d'hiver a lieu en janvier et se fait avec un grand cérémonial. Le jour en est fixé en assemblée publique, des lettres de convocation sont adressées, on se réunit avant le jour sur la place, on nomme un chef qui passe en revue les pècheurs, ainsi que leur armement, composé de crochets d'acier fixés à de longues perches. Au lever du soleil, deux coups de canon donnent le signal de la marche ; les traineaux partent au galop ; c'est à qui, arrivé le premier sur les rives du fleuve, pourra choisir la meilleure place. Une décharge de mousqueterie annonce le commencement de la pèche. De toutes parts on brise la glace à l'aide de pioches et de bèches ; chaque pêcheur descend son harpon dans le trou qu'il a ouvert, tâtonne, retire l'arme dès qu'elle a saisi quelque chose de lourd, et, s'aidant d'autres crochets plus petits, amène l'esturgeon sur la glace. Un homme exercé peut en prendre huit ou dix dans sa journée.

On prépare la pêche du printemps en établissant, tant sur le Volga que sur l'Iaïk, avec des pieux, un barrage au milieu duquel est laissée une ouverture qui, en aval, donne dans une sorte de chambre faite en filets ou en claies d'osier et dont le fond mobile peut être amené jusqu'à la surface de l'eau par des hommes installés sur un échafaudage établi à cet effet.

Les esturgeons, arrêtés par la digue dans leur remonte, franchissent l'ouverture, pénètrent dans la chambre, et trahissent eux-mêmes leur présence par l'agitation imprimée à de petits corps flottants retenus par des cordes, qui ont été disposés à dessein en cet endroit. Les vedettes laissent aussitôt retomber la porte derrière les prisonniers, à moins que ceux-ci ne s'enferment d'eux-mêmes en pesant dans leurs mouvements désordonnés sur les cordes habilement disposées qui commandent cette porte. Durant la nuit, grâce à un mécanisme analogue au précédent, les esturgeons mettent en mouvement des sonnettes dont le bruit avertit les pêcheurs que le tour est fait. Pour s'emparer du poisson, on n'a plus qu'à remonter le fond de la chambre.

Sur la chair et sur les œufs de l'esturgeon nous avons dit tout ce qu'il y a à dire. Le hausen fournit en outre une graisse d'une saveur agréable qui, fraîche, remplace le beurre et l'huile. On a noté encore que c'est spécialement le grand esturgeon qui fournit la colle de poisson employée dans un si grand nombre d'industries; qui sert, par exemple, à clarifier les vins, la bière, et les liqueurs, et entre dans la confection des fausses perles. C'est elle aussi qui fait la base de la *colle à bouche*. L'ichthyocolle se fabrique avec la vessie natatoire ; presque toute celle que la France et l'Angleterre consomment provient des rivages de la Baltique. Pallas dit qu'en 1788 les seuls bâtiments anglais chargèrent à Saint-Pétersbourg 2,850 pouds de colle de poisson.

Remorque de l'esturgeon.

XIV

LE REQUIN

Une taille de 10 mètres (je parle des plus grands), une force prodigieuse, une vitesse telle, qu'on a calculé qu'en marchant jour et nuit, il ferait le tour du globe en trente semaines; une si complète insensibilité à la fatigue qu'on en a vu suivre des bâtiments d'Europe en Amérique, en faisant mille circuits autour des navires qu'ils escortaient; une gueule d'une dimension effrayante, dont le contour, lorsqu'elle est ouverte, égale le tiers de la longueur de l'animal : 5 mètres de circonférence, 1 mètre de diamètre pour un requin de 10 mètres! des dents triangulaires, aiguës, tranchantes, souvent barbelées sur leurs bords, mobiles et dont le nombre croit avec l'âge, si bien qu'on en compte six rangées chez l'adulte, tandis qu'il n'y en a qu'une chez le jeune; une peau capable de repousser les balles; une voracité insatiable, une audace que rien n'intimide, la férocité du tigre, la force du cachalot : tel est le requin, effroi de presque tous les animaux marins; — son nom vient de *requiem*.

Les navigateurs le rencontrent dans toutes les mers. Il se met à leur suite, il ne les quitte plus, attendant patiemment l'occasion d'un cadavre recevant la sépulture réservée aux marins, ou d'un matelot tombé à la mer; il leur est particulièrement fidèle pendant les tempêtes, comptant sur un naufrage. Le tumulte même d'un combat naval ne l'effraye pas et l'attire; il sait qu'en ces moments-là les hommes travaillent pour les requins.

Un jour, par un beau temps — c'était dans la mer du Nord — un matelot se mit à l'eau dans l'intention de gagner à la nage un navire peu éloigné, à bord duquel se trouvait un de ses camarades qu'il voulait embrasser, ne l'ayant pas vu depuis plusieurs années. Il rencontra un requin

Requin saisissant un matelot.

qui, à la vue de tout l'équipage épouvanté, impuissant, attaqua trois fois le nageur. Du premier coup de dents il lui emporta une jambe, du second un bras, du troisième une épaule. On parvint, avec de grands efforts, à ravir au requin le corps mutilé; mais comme ce n'était plus qu'un cadavre, il fallut bientôt le livrer au monstre qui n'avait pas cessé de se tenir dans le voisinage du vaisseau.

A Antibes, un matelot se baignait près du navire sur lequel il était engagé, lorsque au-dessous de lui, il aperçoit un requin. Il pousse un cri lamentable. Ses camarades lui jettent une corde qu'il s'attache sous les bras, on l'enlève rapidement, mais le requin plus prompt encore s'élance hors de l'eau, et lui arrache une jambe que la hache n'eût pas coupée plus nettement.

Son audace est si grande, qu'il se jette sur les baleines que les pêcheurs remorquent et même sur celle qu'on est en train de dépecer à côté du navire. Ce n'est pas sans peine que des hommes bien armés réussissent à l'écarter. « Presque toujours, dit un auteur, il a fait un ravage étonnant avant de lâcher prise, et il endommage jusqu'à 15 quintaux de graisse avant de fuir. »

Ils vivent ordinairement de poissons, de thons, de morues surtout et de phoques. A défaut de plus grosses proies, ils se contentent de sèches et d'autres mollusques, et quand tout leur manque ils mangent du requin.

On a trouvé jusqu'à dix thons dans le corps de l'un d'eux. Brunnich rapporte que pendant son séjour à Marseille, on tua près de cette ville un requin, dans l'estomac duquel se trouvèrent deux thons et un homme entier tout habillé. Müller rapporte qu'auprès de l'île Sainte-Marguerite, on captura un requin d'une grosseur prodigieuse dont le ventre contenait un cheval intact. Outre que ce poisson a la bouche d'une ampleur extraordinaire, il peut encore au besoin en dilater l'ouverture. De là cependant à conclure comme Valmont de Bomare il y a loin : « L'on ne peut pas douter à présent, écrit celui-ci, que ce ne soit là le vrai poisson dans le ventre duquel le prophète Jonas passa trois jours et trois nuits, et dont il est fait mention dans l'Écriture. »

Le père Labat dit avec raison que le requin dépeuplerait la mer sans la difficulté qu'il éprouve à saisir sa proie. Cette difficulté vient de la position de sa bouche, qui est située à 0m,30 ou 0m,40 en arrière de l'extrémité du museau. Il en résulte que l'animal pousse devant lui l'objet qu'il veut mordre ; il pare à cet inconvénient en se mettant un peu sur le côté, mais pendant qu'il se retourne, et quoiqu'il le fasse très-vivement, la proie a quelquefois le temps de s'échapper, et même quand cette proie est un nègre, elle saisit ce moment pour intervertir les rôles; mettant à profit ce court instant, l'homme plonge sous le requin et lui fend le ventre. Est-ce parce qu'ils

Nègre éventrant un requin sous l'eau.

sont habiles à esquiver leur attaque ou parce que ceux-ci ont appris à les craindre : je ne sais ; toujours est-il qu'au dire de Dixon, les naturels des îles Sandwich nagent sans appréhension au milieu des requins.

Il ne faut pas beaucoup d'adresse pour les prendre. Leur voracité même les perd; ils se jettent sur tout ce qu'on leur présente. Ordinairement c'est un gros hameçon couvert d'une pièce de lard, attachée à une corde par l'intermédiaire d'une bonne chaîne de fer de 3 mètres de long ; lorsque le requin n'est pas affamé, il s'approche de l'appât, l'examine, tourne autour, semble le dédaigner, s'en éloigne un peu et revient ; quelquefois il se met en devoir d'engloutir l'appât, et le quitte ; lorsqu'on a pris assez de plaisir à voir tous ces mouvements, on tire la corde et on feint de vouloir retirer l'appât hors de l'eau ; alors l'appétit du monstre se réveille, il se jette sur le lard, l'avale, et se sentant pris, fait jouer ses mâchoires pour couper la chaîne et tire de toutes ses forces pour l'arracher ; souvent il s'élance en avant, et fait des bonds furieux. Lorsqu'il s'est assez débattu, on tire la corde jusqu'à mettre la tête du poisson hors de l'eau, et on glisse un nœud coulant, qu'on lui fait passer jusqu'à la naissance de la queue. Il est aisé alors de l'enlever dans le bâtiment ou de le tirer à terre, où l'on achève de le tuer ; mais il faut n'en approcher qu'avec précaution, un coup de queue suffisant pour casser les bras ou les jambes de celui qu'il atteindrait.

Il n'y a point d'animal plus difficile à tuer. M. de Golberry va jusqu'à raconter ceci :

« Voici, dit-il, un fait dont j'ai été témoin. On prit un requin à bord du *Rossignol*, sur lequel j'étais embarqué ; on eut bien de la peine pour le tirer à bord, et pour le contenir, il fallut l'amarrer fortement par la tête et par la queue. On lui ouvrit le corps depuis la mâchoire inférieure jusqu'à la queue, avec un couteau bien tranchant ; on en retira le cœur, les poumons, le foie et toutes les entrailles ; on rejeta ensuite l'animal à la mer, où il se mit à nager avec tant de vitesse, que dans un instant nous le perdîmes de vue. Il ne pouvait vivre longtemps, sans doute, mais il avait conservé tant de force, qu'il nageait comme il aurait pu le faire avant l'opération mortelle qu'il venait d'essuyer. »

Quelquefois on les harponne. Il leur arrive, étant lancés avec trop d'ardeur à la poursuite d'une proie, de venir échouer sur le rivage. En Norwége, outre la ligne et le harpon, on emploie des filets. Ils y sont depuis près d'un siècle l'objet d'une pêche régulière. Elle a lieu le long de toute la côte occidentale dans les anses profondes dont le pays est dentelé, et jusqu'à une distance de 50 à 100 milles en mer. Il y en a de quatre espèces différentes dont chacune habite des localités déterminées. Leur longueur varie entre $3^{m},33$ et $13^{m},33$; leur foie, qui est énorme, fournit une grande quantité d'huile bonne à brûler, leur chair découpée est donnée aux bestiaux ; leurs œufs forment un mets très-goûté en Norwége. De là, et surtout à cause de l'huile, l'importance acquise par cette pêche, qui est aussi lucrative que facile.

Athénée fait l'éloge de la chair du requin ; elle est cependant dure et coriace, sauf celle des petits à leur naissance. Cela n'empêche pas les nègres de s'en nourrir ; ils remédient à sa dureté en la gardant huit à dix jours jusqu'à ce qu'elle commence à sentir mauvais, moment où elle est devenue très-tendre. On en mange aussi dans la Méditerranée, mais c'est quand on n'a pas le choix. La seule partie supportable paraît être le ventre, mariné pendant vingt-quatre heures, bouilli dans l'eau, et mangé à l'huile. Chez les Islandais, le lard du requin remplace celui du cochon absent ; ils le mangent avec leur stockfisch.

La peau, très-dure, sert à faire des chaussures et des harnais. Les Groënlandais en font de petites nacelles. Telle est, humainement parlant, l'utilité du requin.

On rencontre à l'état fossile des dents de requins qui, à cause de la densité de leur émail, se sont parfaitement conservées. Il en est dont les dimensions sont bien supérieures à ce qu'on voit chez les requins actuels. C'est le cas d'une dent trouvée à Dax et qui appartient au Muséum d'histoire naturelle de Paris. Le Muséum de Rouen en possède une qui a 0^{m},094 de large, 0^{m},047 de haut et 0^{m},027 d'épaisseur. H. Cloquet suppose que les animaux auxquels elles ont appartenu devaient avoir de 25 à 30 mètres de long. *Requiescant !*

Requin harponné.

La torpille.

XV

LES POISSONS ÉLECTRIQUES

I

Personne n'ignore que certains poissons sont, dans toute la rigueur du terme, de véritables machines électriques. Ils donnent des commotions violentes à qui les touche, soit directement, soit par l'intermédiaire de corps conducteurs, et leur décharge produit de la lumière (étincelles), de la chaleur, des décompositions chimiques, et enfin des phénomènes d'aimantation. Le fluide qui émane d'eux, si fluide il y a, est donc identique à celui que fournit la machine électrique. Il se produit et s'accumule dans des organes particuliers, composés d'un grand nombre de cellules membraneuses. L'émission de l'électricité est d'ailleurs soumise à la volonté de l'animal. Il frappe quand il veut, à distance, avec la précision d'un archer, avec la rapidité de la foudre, en proportionnant la force du coup à la taille de l'ennemi ou de la proie. Et il va sans dire que cette étrange propriété est, pour les poissons qui en sont doués, un moyen d'attaque et de défense.

Autant que nous en pouvons juger, cette grande curiosité est une grande rareté. On ne connaît jusqu'ici qu'un très-petit nombre de *poissons-tonnerre*, comme les nomment les Arabes, et les mieux connus sont la *torpille*, le *gymnote* et le *silure électrique* du Nil ou *malaptérure*.

II

La première habite les mers qui baignent nos côtes; nous en avons pêché dans la Manche. C'est un poisson plat comme la raie, dont elle est proche parente (on les range dans la même famille) et de forme presque circulaire, à part la queue qui est courte, mais assez charnue. Une espèce dite *tor-*

pille ordinaire atteint quelquefois une taille considérable; on en a vu qui avaient $1^{m},30$ de long (queue comprise) sur $0^{m},80$, et qui pesaient 60 livres. Cette espèce a le dos d'un rouge jaunâtre, avec cinq grandes taches arrondies d'un bleu d'azur, et entourées d'un grand cercle bleuâtre.

Les torpilles étaient parfaitement connues des anciens. Aristote en parle. Platon, dans un de ses *Dialogues*, fait dire à l'un des interlocuteurs qu'il met en scène : « Tu m'as étourdi par tes objections, comme la torpille étourdit ceux qui la touchent. » Les Grecs lui donnaient le nom de *narké*, nom qui désigne l'étourdissement. Le nom de *torpedo*, dont nous avons fait torpille et que les Latins lui ont donné, a le même sens. Nos pêcheurs l'appellent *tremble* et *poisson magicien*.

Il leur arrive, au moment où, ayant jeté dans la barque le contenu des filets, ils répandent de l'eau salée sur le produit de leur pêche, d'éprouver une secousse dans le bras qui verse l'eau; c'est qu'il y a une torpille parmi les poissons capturés. Quelquefois même il leur suffit de manier le filet pour recevoir une commotion. Réaumur rapporte qu'ayant touché une torpille avec sa canne, il ressentit une faible secousse. Mais c'est quand on touche la face supérieure de l'appareil électrique avec une main, que le choc est le plus violent; le bras en reste engourdi et même paralysé pendant quelques minutes, et la sensation est comparable à celle qu'on éprouve lorsqu'on se frappe fortement au coude. La commotion est assez puissante pour se faire sentir dans un cercle de vingt personnes, quand celles qui forment l'extrémité de la chaîne touchent l'une le dos et l'autre le ventre de l'animal. L'illustre savant que je viens de nommer lâcha un canard dans un bassin où vivait une torpille; le canard fut tué; l'oiseau, peut-être, paraîtrait mal choisi, n'était le nom de l'expérimentateur et la notoriété des faits. Un physicien, Walsh, a vu jusqu'à cinquante décharges se produire en une minute, et M. Linari a compté dix étincelles consécutives et très-brillantes.

Les instruments de la fonction électriques sont de trois sortes :

1° Dans la moitié inférieure du corps et de chaque côté de la tête, on trouve plusieurs centaines de petits tubes (Hunter en a compté jusqu'à 1,182) ou prismes membraneux verticaux, serrés les uns contre les autres à la façon des rayons d'abeilles, et subdivisés par des cloisons horizontales en petites cellules remplies de mucosités. C'est dans ces organes, et sous l'influence de la volonté de l'animal, que l'électricité se produit.

2° A la partie postérieure du cerveau existe un lobe désigné sous le nom de *lobe électrique*. On ne peut le détruire sans rendre toute décharge impossible, alors même que le reste du cerveau est intact. Chaque fois qu'on touche ce lobe, on détermine de fortes décharges, l'organe fût-il séparé du cerveau ou de la moelle épinière. La décharge se produit alors même que l'animal semble mort depuis longtemps. L'irritation portée sur ce lobe ne provoque jamais d'autres phénomènes que la décharge électrique. Toute action extérieure produite sur le corps de la torpille vivante et qui détermine la décharge, est transmise par les nerfs du point irrité au lobe électrique du cerveau. La volonté a son siége dans cet organe, quant à la décharge électrique.

3° Quatre branches très-grosses des nerfs de la quatrième paire partent du lobe ci-dessus et se rendent aux batteries électriques précédemment décrites. Si l'on coupe ces nerfs, tout phénomène électrique cesse, et le même résultat se produit quand on se borne à les lier; mais pour empêcher complétement la décharge, il faut les lier ou les couper tous : si on ne les coupe ou si on ne les lie que d'un côté du corps, la décharge a lieu de l'autre côté. L'irritation portée sur ces nerfs ne produit jamais d'autres phénomènes que la décharge électrique; elle la détermine encore quand ils sont séparés du cerveau. Pendant que la décharge a lieu, ces troncs ne sont parcourus par aucun courant.

III

Le gymnote n'est pas moins célèbre que la torpille. Il a la forme d'une anguille, de là le nom d'*anguille électrique* qu'on lui donne. Ces deux poissons appartiennent d'ailleurs à la même famille. Le gymnote est long de 2 mètres environ,

Le gymnote.

jaunâtre, livide, tout d'une venue et enduit d'une matière gluante. Il est commun dans les cours d'eau et dans les mares de certaines parties de l'Amérique du Sud. Sa puissance électrique, qui l'emporte de beaucoup sur celle de la torpille, en fait un objet de terreur pour les gens du pays. Lorsque les pêcheurs amènent en même temps dans leurs filets des gymnotes et de jeunes crocodiles, toujours ces derniers sont morts ou paralysés, tandis que les anguilles électriques n'ont point de blessures; elles ont foudroyé les redoutables reptiles avant que ceux-ci aient pu les approcher. Humboldt rapporte qu'ayant mis les deux pieds sur un de ces poissons, il en resta perclus pendant tout le jour. Des Indiens, privés de l'usage de leurs membres par l'attaque des gymnotes, au moment où ils se livraient à la natation, se sont noyés. Ces poissons abattent même des chevaux, ainsi que le prouve le récit animé que nous a donné de Humboldt, témoin oculaire des manœuvres auxquelles les indigènes se livrent lorsqu'ils veulent purger une mare ou un cours d'eau des gymnotes qui l'infestent.

« ...Les Indiens nous conduisirent à Cano de Bera, bassin d'eau bourbeuse et morte, mais entouré d'une belle végétation de la *clusia rosea*, de l'*hymenæa courbaril*, de grands figuiers des Indes, et de quelques mimoses aux fleurs odoriférantes. Nous fûmes bien surpris lorsqu'on nous dit qu'on irait prendre une trentaine de chevaux à demi sauvages dans les savanes voisines, pour s'en servir à la pêche des anguilles électriques. L'idée de cette pêche, que l'on appelle *embarbascado con caballos* (enivrer au moyen des chevaux), est en effet bien bizarre.

« Le nom *barbasco* désigne les racines du *jacquinia*, du *ipscidia* et de toutes autres plantes vénéneuses, par le contact desquelles une grande masse d'eau reçoit dans un instant la propriété de tuer ou, du moins, d'enivrer les poissons. Ces derniers viennent à la surface quand ils ont été empoisonnés (*embarbascado*) par ce moyen. Comme les chevaux chassés çà et là dans une mare causent le même effet sur les poissons alarmés, on embrasse, en confondant la cause et l'effet, les deux sortes de pêche sous la même dénomination.

« Pendant que notre hôte nous expliquait cette manière étrange de prendre le poisson dans ce pays, la troupe de chevaux et de mules arriva. Les Indiens en avaient fait une sorte de battue, et en les serrant de tous les côtés, on les força d'entrer dans la mare. Je ne peindrai qu'imparfaitement le spectacle intéressant que nous offrit la lutte des anguilles contre les chevaux. Les Indiens, munis de joncs très-longs et de harpons, se placent autour du bassin; quelques-uns d'eux montent sur les arbres, dont les branches s'élancent au-dessus de la surface de l'eau; tous empêchent, par leurs cris et la longueur de leurs joncs, que les chevaux n'atteignent le rivage. Les anguilles, étourdies du bruit des chevaux, se défendent par la décharge réitérée de leurs batteries électriques. Pendant longtemps elles ont l'air de remporter la victoire sur les chevaux et les mulets; partout on en vit de ces derniers qui, étourdis par la fréquence et la force des coups électriques, disparurent sous l'eau. Quelques chevaux se relevèrent, malgré la vigilance active des Indiens, gagnèrent le rivage, excédés de fatigue, et, les membres engourdis par la force des commotions électriques, ils s'y étendirent par terre tout de leur long.

« J'aurais désiré qu'un peintre habile eût pu saisir le moment où la scène était le plus animée. Ces groupes d'Indiens entourant le bassin; ces chevaux qui, la crinière hérissée, l'effroi et la douleur dans l'œil, veulent fuir l'orage qui les surprend; ces anguilles jaunâtres et livides, qui, semblables à de grands serpents aquatiques, nagent à la surface et poursuivent leur ennemi : tous ces objets offraient sans doute l'ensemble le plus pittoresque. Je me rappelai le superbe tableau qui représente un cheval entrant dans une caverne et effrayé à la vue du lion! L'expression de la terreur n'est pas plus forte que celle que nous vîmes dans cette lutte inégale.

« En moins de cinq minutes, deux chevaux étaient déjà noyés. Après ce début, je craignais que cette chasse ne finît bien tragiquement. Je ne doutais pas de voir noyés peu à peu la plus grande partie des mulets. Mais les Indiens nous assurèrent que la pêche serait bientôt terminée, et que ce n'est que le premier assaut des gymnotes qu'il faut redouter. En effet, quand le combat eut duré un quart d'heure, les mulets et les chevaux parurent

Pêche du gymnote dans l'Amérique du Sud.

moins effrayés ; ils ne hérissaient plus leur crinière; leur œil exprimait moins de douleur et d'épouvante. On n'en vit plus tomber à la renverse ; aussi les anguilles, nageant à mi-corps hors de l'eau et fuyant les chevaux au lieu de les attaquer, s'approchèrent elles-mêmes du rivage. On leur jeta de petits harpons attachés à des cordes ; le harpon en accrochait deux à la fois. Par ce moyen, on les tira hors de l'eau, sans que la corde, très-sèche et assez longue, communiquât le choc à celui qui la tenait : en peu de minutes cinq grandes anguilles étaient à sec. On aurait pu en attraper une vingtaine si nous en avions eu besoin pour nos expériences. Plusieurs n'étaient que légèrement blessées à la queue, d'autres l'étaient grièvement à la tête.

« Les Indiens nous assuraient qu'en mettant les chevaux deux jours de suite dans une mare remplie de gymnotes, aucun cheval n'est tué le second jour : il faut à ces poissons électriques du repos et une nourriture abondante pour produire ou pour accumuler une grande quantité d'électricité. »

On a eu à Stockholm une de ces anguilles électriques envoyée de Surinam, et elle y a vécu quatre mois dans un état de santé parfaite. Elle avait 27 pouces de long, et les commotions qu'elle donnait étaient si violentes, qu'il était presque impossible de s'en garantir quand on transportait le poisson d'un lieu dans un autre, même au moyen des corps les moins conducteurs.

On doit à Faraday d'intéressantes expériences sur les propriétés de la décharge électrique du gymnote.

C'est à l'aide de deux plats métalliques, réunis aux extrémités du galvanomètre et appliqués sur différents points du corps du poisson, que le physicien anglais est parvenu à déterminer la direction de la décharge. Il a reconnu que les parties antérieures de l'animal sont constamment le pôle positif, et les parties postérieures, le pôle négatif. Le courant est donc dirigé, dans le galvanomètre, de la tête à la queue.

Voici une observation importante :

En plongeant ces plats collecteurs en différents points de la masse liquide dans laquelle est placé le gymnote, on trouve, en supposant que l'animal décharge tous ces organes à la fois, que cette masse est envahie par le courant électrique distribué en lignes droites et courbes tout autour des extrémités de l'animal, de la même manière que serait distribuée la limaille de fer autour d'un aimant dont les pôles occuperaient la même place que la tête et la queue du poisson.

Tous les phénomènes du courant électrique ont été obtenus sur le gymnote, comme ils l'avaient été sur la torpille. Ainsi, Faraday ayant fait passer la décharge du gymnote par un fil métallique tourné en spirale dans l'intérieur de laquelle on avait mis des aiguilles d'acier, il obtint l'aimantation de ces aiguilles dans la direction voulue par la direction et la décharge de la tête à la queue du poisson. Le même physicien a obtenu la décomposition chimique en employant l'iodure de potassium, et il a produit l'étincelle électrique en introduisant, dans le circuit, une spirale électro-magnétique qui avait dans son intérieur un cylindre de fer doux.

L'appareil à l'aide duquel le gymnote produit ces commotions règne tout le long du dos et de la queue, et consiste en quatre faisceaux longitudinaux composés d'un grand nombre de lames à peu près horizontales, membraneuses, parallèles et très-rapprochées entre elles. Ces lames sont unies par une infinité d'autres lamelles plus petites, placées verticalement en travers ; les petites cellules prismatiques et transversales, formées par la réunion de ces lames, sont remplies d'une matière gélatineuse ; enfin tout l'appareil reçoit de très-gros nerfs, venant des nerfs spinaux.

IV

Le silure électrique du Nil, ou malaptérure, a environ 0m,50 à 0m,55 de long. Sa bouche est armée de six barbillons ou tentacules charnus. Il habite l'Égypte et le Sénégal. Les Arabes le nomment *raasch*, c'est-à-dire tonnerre; sa puissance galvanique est, en effet, considérable. Geoffroy Saint-Hilaire a fait sur lui, pendant l'expédition d'Égypte, des expériences curieuses.

L'appareil électrique du malaptérure consiste en une sorte de tissu cellulaire graisseux situé autour du corps, entre la peau et les muscles.

V

Qui eût pensé que les raies réservaient le spectacle de semblables merveilles à celui qui prendrait la peine et qui aurait l'art de les interroger? L'homme s'est rencontré : c'est un professeur à la Faculté de médecine de Paris, M. Charles Robin, qui a consigné le récit de ses recherches dans un mémoire lu à l'Académie des sciences.

Le résultat qu'elles ont donné n'était pas, il faut le dire, entièrement inattendu. Outre que les raies et les torpilles sont membres d'une même famille, M. Robin nous a lui-même appris, il y a près de vingt ans, qu'il y a chez les premières, sur les côtés de la queue, un appareil exactement semblable à l'appareil électrique que les secondes ont sur les côtés de la tête. Restait donc à prouver que des organes ayant la même structure ont des propriétés analogues : c'est ce que M. Charles Robin a fait. Les phénomènes physiques et les phénomènes physiologiques qui ont rendu la torpille si fameuse, lui ont été également offerts par les raies. Quant aux phénomènes chimiques, ils sont jusqu'ici peu prononcés. Il semble bien, du reste, à lire la relation de l'auteur, que la décharge de la raie n'a pas la même intensité que celle de la torpille.

Il n'en est pas moins digne de remarque qu'un tel fait ait pu rester si longtemps inconnu, et je me plais à penser que si la queue de la raie figurait sur nos tables, plus d'un de mes lecteurs chercherait à l'occasion, du bout de sa fourchette ou de son couteau, à reconnaître les mystérieux organes dont les fonctions viennent de nous être révélées.

Malaptérure.

XVI

LES CHEVRETTES

Tout le monde connaît ces petits crustacés, non moins agréables à la vue par leur charmante couleur rose, couleur acquise, non naturelle, qu'au goût par leur saveur délicate.

Tous les ans, sept ou huit familles de Blainville,

petit havre normand, viennent pour la saison s'établir à Chausey ; elles s'installent sur un petit cap situé non loin du port. La pêche des homards et des crevettes les attire. M. de Quatrefages nous peint la condition de ces braves gens.

« Un vieux bateau renversé au pied de quelque rocher forme le toit de leurs cabanes ; des pierres, liées par la boue argileuse du Sound, servent à le rattacher à la terre ; et dans une de ces cahutes de 3 à 4 mètres carrés, 1 mètre de haut, couche toute une famille, père et mère, filles et garçons, nièces et neveux, et souvent aussi les amis et amies, attirés par l'attrait d'une grande marée. Les hommes pêchent le homard ; la recherche des chevrettes est abandonnée aux femmes, qui, au nombre de dix environ, se livrent à cette petite industrie. Armées de leurs *bouquetons*, elles parcourent les anfractuosités de l'archipel, fouillant sous les roches et dans les mares où se retirent ces petits crustacés, et peuvent, avec de l'activité, en recueillir 2 kilogrammes par jour. Mais cette pêche n'est possible que lorsque les marées sont assez fortes. Le produit total de la campagne ne peut guère être évalué au delà de 2 à 300 kilogrammes par personne : c'est donc environ 2,500 kilogrammes de chevrettes que l'on tire tous les ans de Chausey, dont la plus grande partie s'envoie à Paris. Ce petit commerce rapporte aux Blainvillains environ huit cents francs par tête, à peu près huit mille francs en tout. »

Le *bouqueton*, nommé aussi *truble* et *huxenau*, est un filet fermé par un bout et dont l'ouverture dessine un demi-cercle ; la courbe est formée par un arc en bois, la partie droite ou diamètre par une courbe. Au milieu de cette corde est attachée l'extrémité d'un bâton servant de manche, et ce bâton est également fixé sur le milieu de l'arc. Le pêcheur, tenant l'autre extrémité du manche appuyé contre la poitrine, ratisse les fonds au moyen de la corde tendue. Ce procédé n'est applicable que sur des côtes très-basses.

A Saint-Gilles-sur-Vic (département de la Vendée), on procède, au rapport de M. Délidon, d'une façon un peu différente.

Le filet, qu'ils nomment *ret*, n'a pas de manche, et son ouverture est circulaire. C'est une poche de 0^m,60 à 0^m,70 de long d'un diamètre de 0^m,45 à 0^m,50 à l'entrée, suspendue par le cercle qui la tient ouverte à une corde plus ou moins longue suivant la profondeur du lieu où l'on pêche, lestée d'une pierre ou d'un morceau de plomb, et dans l'axe duquel sont suspendus, au moyen d'une ficelle, des fragments de crabes ou des têtes de sardines formant appât.

Le pêcheur emporte quatre ou cinq de ces rets, plus un panier ou une poche en grosse toile sus-

Établissement des pêcheurs de chevrettes.

pendue à son cou et destinée à recevoir le produit de sa pêche. Il part habituellement le soir après le coucher du soleil, ou même dans la nuit. Ayant choisi l'endroit propice, c'est-à-dire les anfractuosités des rochers les plus voisins de la mer, et où l'eau, teinte par les algues, est noire et profonde, il descend ses rets à une certaine distance les uns des autres, les laisse reposer dans le fond de la mer, et, presque toujours dans l'obscurité, il attend patiemment pendant quelques instants, cinq et parfois dix minutes, avant de les lever pour en retirer les chevrettes qui peuvent avoir été attirées par l'appât. L'habitude le guide dans cette opération. Il a soin, en levant ou tirant son ret, de tenir la cordelle le plus perpendiculairement possible, et, de la main droite, il cherche et prend les chevrettes qu'il contient. et qu'il met ensuite dans son panier ou son sac rempli d'algues pour les conserver vivantes.

Lorsque la mer commence à se retirer ou que la récolte est suffisante, le pêcheur reprend le chemin de sa demeure, où il s'occupe à préparer ses chevrettes pour les livrer aux marchands. Il place sur un feu ardent un chaudron de fer rempli d'eau douce, et lorsque cette eau commence à entrer en ébullition, il y plonge sa pêche vivante en y joignant 1 kilogramme de sel par 4 kilogrammes de chevrettes. Après avoir laissé bouillir pendant cinq minutes, il retire la chevrette, l'étend sur une table, et l'arrose aussitôt d'eau froide et non salée. Cette belle teinte rouge qui en fait le prix paraît alors plus foncée, et remplace totalement la cou-

Pêche à la chevrette.

leur verdâtre de la chevrette vivante.

Ainsi préparé, ce crustacé peut être conservé pendant trois jours au plus, et les marchands se hâtent de l'expédier pour la capitale.

Telle est la *pêche au rocher* et on n'en connaissait pas d'autre, quand, en 1862, un habitant de Saint-Gilles-sur-Vic, persuadé que cette industrie pouvait s'exercer moins petitement, et que la chevrette ne réside pas toujours dans les rochers, créa la pêche au large et en bateau. Le succès justifia ses prévisions. Cette méthode ne diffère de la précédente que par les lieux où elle s'exerce. Les filets sont les mêmes; le pêcheur les suspend autour de son bateau à l'ancre, et, comme le pêcheur au rocher, il attend quelques minutes avant de les retirer. Pour tout le reste il opère comme il a été dit ci-dessus. Il est à remarquer cependant que la chevrette pêchée en bateau est presque toujours plus blanche que la chevrette pêchée sur les rochers.

Cette tentative n'avait trouvé que des incrédules, le succès lui suscita des imitateurs. Dans l'année 1862, six bateaux furent construits, dix l'année suivante. Les chevrettes qui, à Saint-Gilles-sur-Vic, se vendaient un franc le kilogramme, valaient, en 1864, trois francs, et on en envoyait chaque jour 64 kilogrammes à Paris, soit pour toute la durée de la pêche, qui est de cent quatre-vingts jours, 11,520 kilogrammes, représentant une valeur de trente-quatre mille cinq cents francs.

Les *chevrettes* s'appellent encore *crevettes*, *salicoques*, *bouquet* et *palemon*, et le pire est que la plupart de ces appellations scientifiques ou vulgaires sont données à des animaux différents.

Celui qui vient de nous occuper se reconnaît au

long rostre denté en scie dont son front est armé, à la conformation de ses deux premières paires de pattes, qui sont grêles et armées chacune de deux doigts, et à ses antennes internes terminées par trois filaments. On en connaît plusieurs espèces : toutes celles qui habitent nos mers sont d'assez petite taille.

Femmes pêchant la chevrette.

La pieuvre.

XVII

LES CÉPHALOPODES

I

Gilliatt, mourant de faim, a pénétré à marée basse dans une caverne sous-marine qu'en se retirant le flot a découverte. Il y poursuit un crabe. Une fissure horizontale s'étend dans le granit au-dessus du niveau de l'eau; le crabe est probablement là. Gilliatt y plonge le poing:

« Tout à coup il se sentit saisir le bras.

« Ce qu'il éprouva en ce moment, c'est l'horreur indescriptible.

« Quelque chose qui était mince, âpre, plat, glacé, gluant et vivant, venait de se tordre dans l'ombre autour de son bras nu. Cela lui montait vers la poitrine. C'était la pression d'une courroie et la poussée d'une vrille. En moins d'une seconde, on ne sait quelle spirale lui avait envahi le poignet et le coude et touchait l'épaule. La pointe fouillait sous son aisselle.

« Gilliatt se rejeta en arrière, mais put à peine remuer. Il était comme cloué. De sa main gauche restée libre il prit son couteau qu'il avait entre ses dents, et de cette main, tenant le couteau, s'arc-bouta au rocher, avec un effort désespéré pour retirer son bras. Il ne réussit qu'à inquiéter un peu la ligature, qui se resserra. Elle était souple comme le cuir, solide comme l'acier, froide comme la nuit.

« Une deuxième lanière, étroite et aiguë, sortit de la crevasse du roc. C'était comme une langue hors d'une gueule. Elle lécha épouvantablement le tronc nu de Gilliatt, et tout à coup s'allongeant, démesurée et fine, elle s'appliqua sur sa peau et lui entoura tout le corps. En même temps, une souffrance inouïe, comparable à rien, soulevait les muscles crispés de Gilliatt. Il sentait dans sa peau des enfoncements ronds, horribles. Il lui semblait que d'innombrables lèvres, collées à sa chair, cherchaient à lui boire le sang.

« Une troisième lanière ondoya hors du rocher, tâta Gilliatt, et lui fouetta les côtes comme une corde. Elle s'y fixa.

« L'angoisse, à son paroxysme, est muette. Gilliatt ne jetait pas un cri. Il y avait assez de jour pour qu'il pût voir les repoussantes formes appliquées sur lui. Une quatrième ligature, celle-ci rapide comme une flèche, lui sauta autour du ventre et s'y enroula.

« Impossible de couper ni d'arracher ces courroies visqueuses qui adhéraient étroitement au corps de Gilliatt et par quantité de points. Chacun de ces points était un foyer d'affreuse et bizarre douleur. C'était ce qu'on éprouverait si l'on se sentait avalé à la fois par une foule de bouches trop petites.

« Un cinquième allongement jaillit du trou. Il se superposa aux autres et vint se replier sur le diaphragme de Gilliat. La compression s'ajoutait à l'anxiété; Gilliatt pouvait à peine respirer.

« Ces lanières, pointues à leur extrémité, allaient s'élargissant comme des lames d'épée vers la poignée. Toutes les cinq appartenaient évidemment au même centre. Elles marchaient et rampaient sur Gilliatt. Il sentait se déplacer ces pressions obscures qui lui semblaient être des bouches.

« Brusquement une large viscosité ronde et plate sortit de dessous la crevasse. C'était le centre; les cinq lanières s'y rattachaient comme des rayons à un moyeu, on distinguait au côté opposé de ce disque immonde le commencement de trois autres tentacules, restés sous l'enfoncement du rocher. Au milieu de cette viscosité il y avait deux yeux qui regardaient.

« Ces yeux voyaient Gilliatt.

« Gilliat reconnut la pieuvre[1]. »

Tout le monde a lu le reste, ou voudra le lire dans l'œuvre même du poëte. Cet émouvant récit a rendu tout à coup populaire une classe d'êtres jusque-là inconnus même de nom dans les villes de l'intérieur. Cette classe est celle des mollusques céphalopodes.

II

Figurez-vous un sac musculeux, épais, mollasse, visqueux, sphérique chez les uns, cylindrique ou en fuseau chez les autres, et de couleurs changeantes comme celles du caméléon ;

[1] Victor Hugo, *les Travailleurs de la mer*.

Renfermez-y des organes de respiration aquatiques, un appareil circulatoire, un tube digestif, y compris un estomac comparable au gésier des oiseaux ;

Surmontez ce sac d'une tête ronde, munie de deux gros yeux situés latéralement, entre lesquels

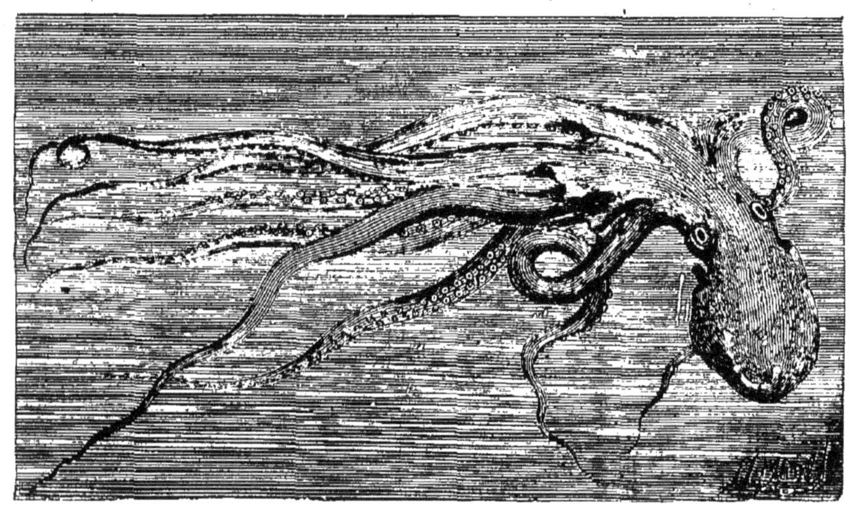

Le poulpe.

débouchera un petit tube représentant non pas un nez, mais l'anus (au milieu du visage) ;

Sur le sommet, et au milieu de cette tête, placez une bouche formée d'une lèvre circulaire, armée de deux mâchoires verticales, cornées (un véritable bec de perroquet), et garnie à l'intérieur d'une langue hérissée de pointes ;

Enfin, tout autour de cette bouche, implantez une couronne d'appendices charnus, souples, vigoureux, rétractiles, quelquefois beaucoup plus longs que le corps, et le plus souvent armés à leur face externe de deux rangs de ventouses :

Vous aurez une idée approximative des céphalopodes, ainsi nommés depuis Cuvier, parce qu'ils ont les pieds sur la tête, car les appendices qu'on vient de décrire sont des pieds ou des bras, comme on voudra, vu qu'ils servent indifféremment à la préhension et à la locomotion.

Les céphalopodes sont des mollusques du plus haut rang. Les masses nerveuses groupées autour du tube digestif dans leur tête percée verticalement tendent à se réunir en une seule masse, ce qui est un trait de ressemblance avec les animaux vertébrés; cet infime cerveau est protégé par un cartilage, rudiment de squelette sur lequel s'insèrent les principaux muscles; la circulation a du rapport avec celle des poissons; chez quelques-uns les yeux sont presque des yeux de vertébrés. Ces caractères leur assignent le premier rang parmi les mollusques, et la noblesse d'une antique origine ne leur manque pas davantage; ils datent sur le globe de temps très-reculés.

Tous sont marins et carnassiers, les uns habitent la haute mer, les autres ne s'écartent point des côtes. Les côtes de la Méditerranée, celles de Grèce surtout, en sont infestées. Ils font un grand massacre de crustacés et de poissons; leur domicile se reconnait aux débris d'êtres vivants qui en jonchent les approches. Ils nuisent doublement aux pêcheurs, d'abord en leur faisant directement concurrence, ensuite en faisant fuir les animaux, pour qui leur voisinage est malsain. Les pêcheurs se vengent d'eux en les mangeant, vengeance en général d'assez mauvais goût, culinairement parlant.

Voulez-vous vous représenter les céphalopodes rampant, nageant ou saisissant leur proie, renversez l'image qu'a offerte à votre esprit la description qui précède ; la bouche redressée verticalement, la tête en bas, les bras étendus, vous donnent le poulpe (les calmars et les seiches se tiennent horizontalement). Tous rampent en appliquant sur le sol leurs bras armés de ventouses ; c'est de la même façon qu'ils saisissent leur proie ; leur étreinte est irrésistible : la victime, enlacée et comme aspirée, a bientôt senti la morsure du redoutable bec de perroquet dont ces longs appendices sont les pourvoyeurs. Il y a des exemples d'hommes morts de ce supplice. L'abondance des poulpes sur certains points du littoral de la Grèce en rend la fréquentation dangereuse pour les baigneurs ; dans les îles de la Polynésie, ils sont l'effroi des plongeurs. C'est que leur taille est souvent très-grande ; le *poulpe commun* de la Méditerranée est long d'environ 0m,64, et il en existe une espèce trois fois aussi grande dans l'océan Pacifique.

III

Aristote parle d'un calmar long de 5 coudées (2^m,71). Pline va plus loin et décrit un poulpe dont les bras avaient 30 pieds de long. Un auteur moderne renchérit, et raconte le cas d'un céphalopode qui, s'étant jeté sur un navire, manqua de le faire sombrer. A partir de ce moment, le poulpe géant fut mis par les naturalistes de niveau avec le serpent de mer.

Des découvertes récentes les ont cependant convaincus qu'il existe des céphalopodes dont la taille dépasse de beaucoup celle que les traités de zoologie assignent aux animaux de cette classe. Ainsi Péron a rencontré dans les parages de la Tasmanie un calmar dont les bras avaient 6 à 8 pouces de diamètre, et 6 ou 7 pieds de long; MM. Quoy et Gaymard ont recueilli dans l'océan Atlantique, près de l'équateur, les débris d'un mollusque de la même famille dont ils évaluent le poids à plus de 100 kilogrammes. Dans les mêmes eaux, Rang en a rencontré un de couleur rouge, qui était de la grosseur d'un tonneau. M. Streenstrup (de Copenhague) a publié d'intéressantes observations sur un céphalopode auquel il a donné le nom d'*Architeuchis dux*, et qui fut rejeté en 1853 sur le rivage du Jutland; le corps, dépecé par les pêcheurs pour

Le poulpe

servir d'amorce à leurs lignes, fournit la charge de plusieurs brouettes; le pharynx, qui a été conservé, a le volume d'une tête d'enfant; un tronçon de bras, montré à M. Duméril, a la grosseur de la cuisse. Enfin, en 1860, M. Harting a décrit et figuré diverses parties d'un animal gigantesque du même genre, qui se trouvent dans le musée d'Utrecht. Mais toutes ces observations le cèdent de beaucoup en intérêt à celle qui a été communiquée à l'Académie des sciences à la fin de l'année 1861, et que nous allons rapporter.

Le 30 novembre de l'année susdite, à deux heures de l'après-midi, l'aviso à vapeur *l'Alecton*, commandé par M. Bouyer, lieutenant de vaisseau, se trouvant entre Madère et Ténériffe à 40 lieues dans le nord-est de cette dernière île, fit la rencontre d'un poulpe monstrueux qui nageait à la surface de l'eau.

Cet animal mesurait de 5 à 6 mètres, sans compter huit bras formidables, longs de $1^{m},80$ environ et couverts de ventouses, qui couronnaient sa tête. Sa couleur était d'un rouge brique. Ses yeux, à fleur de tête, avaient un développement prodigieux et une effrayante fixité. Sa bouche pouvait offrir $0^{m},50$. Son corps fusiforme, et très-renflé vers le centre, présentait une masse dont le poids a été estimé à plus de 2,000 kilogrammes. Ses nageoires, situées à l'extrémité postérieure, étaient arrondies en deux lobes charnus et d'un très-grand volume.

« Me trouvant, écrit M. Bouyer, en présence d'un de ces êtres bizarres que l'Océan extrait parfois de ses profondeurs comme pour porter un défi à la science, je résolus de l'étudier de plus près, et de chercher à m'en emparer. »

Aussitôt il ordonna de stopper. En toute hâte les fusils furent chargés, un nœud coulant disposé, les harpons préparés. Malheureusement une forte houle, qui imprimait à *l'Alecton*, dès qu'elle le prenait en travers, des roulis désordonnés, gênait les évolutions, en même temps que l'animal, quoique presque toujours à fleur d'eau, se déplaçait avec une sorte d'intelligence et semblait vouloir éviter le navire; mais celui-ci le suivait toujours.

Aux premières balles qu'on lui envoya, le monstre plongea, passa sous le navire et ne tarda pas à reparaître à l'autre bord, en agitant ses grands bras. On le frappa d'une dizaine de balles; plusieurs le traversèrent inutilement. L'une d'elles produisit plus d'effet, car il vomit aussitôt une grande quantité d'écume et de sang mêlé à des matières gluantes qui répandirent une forte odeur de musc.

Ce fut alors qu'on parvint à l'*accoster* d'assez près pour lui lancer un harpon avec un nœud coulant, mais la corde glissa le long du corps élastique du mollusque, et ne s'arrêta que vers l'extrémité, à l'endroit des deux nageoires. On tenta de le hisser à bord. Déjà la plus grande partie du corps se trouvait hors de l'eau, quand l'énorme poids de cette masse fit pénétrer le nœud coulant dans les chairs et sépara la partie postérieure qui, amenée à bord, pesait une vingtaine de kilogrammes.

« Officiers et matelots me demandaient, dit le commandant de *l'Alecton*, à faire amener un canot, à aller garrotter l'animal et à l'amener le long du bord. Ils y seraient peut-être parvenus, mais je craignais que, dans cette rencontre corps à corps, le monstre ne lançât ses longs bras armés de ventouses sur les bords du canot, ne le fît chavirer, et n'étouffât peut-être quelques matelots dans ses fouets redoutables.

« Je ne crus pas devoir exposer la vie de mes hommes pour satisfaire à un sentiment de curiosité, cette curiosité eût-elle la science pour base, et, malgré la fièvre ardente qui accompagne une pareille chasse, je dus abandonner l'animal mutilé qui, par une sorte d'instinct, semblait fuir avec soin le navire, plongeait et passait d'un bord à l'autre quand nous l'abordions de nouveau. »

Cette chasse n'avait pas duré moins de trois heures.

M. S. Berthelot rapporte qu'ayant interrogé de vieux pêcheurs canariens, ceux-ci lui ont déclaré avoir vu plusieurs fois vers la haute mer de grands calmars rougeâtres de 2 mètres et plus de long, dont ils n'avaient pas osé s'emparer.

IV

Cependant, malgré les dimensions respectables du poulpe rencontré par M. Bouyer, la réalité cède ici à la fable.

« Les pêcheurs norwégiens, raconte Pontoppidan, évêque de Berghem, affirment tous, sans la moindre contradiction dans leurs récits, que lorsqu'ils poussent au large à plusieurs milles, particulièrement pendant les jours les plus chauds de l'année, la mer semble tout à coup diminuer sous leurs barques ; et s'ils jettent la sonde, au lieu de trouver 80 ou 100 brasses de profondeur, il arrive souvent qu'ils en trouvent à peine 30. C'est le kraken qui s'interpose entre les bas-fonds et l'onde supérieure. Accoutumés à ce phénomène, les pêcheurs disposent leurs filets, certains que là abonde le poisson, surtout la morue et la lingue, et ils les retirent richement chargés. Mais si la profondeur de l'eau va toujours diminuant, et si ce bas-fond accidentel et mobile remonte, les pêcheurs n'ont pas de temps à perdre, c'est le serpent qui se réveille, qui se meut, qui vient respirer l'air et étendre ses larges plis au soleil. Les pêcheurs font alors force de rames, et quand, à une distance raisonnable, ils peuvent enfin se reposer avec sécurité, ils voient en effet le monstre qui couvre un espace d'un mille et demi de la partie supérieure de son dos. Les poissons surpris par son ascension, sautillent un moment dans les creux humides formés par les protubérances extérieures de son enveloppe; puis de cette masse flottante sortent des espèces de pointes ou de cornes luisantes qui se déploient et se dressent *semblables à des mâts armés de leurs vergues*. Ce sont les bras du kraken; et quels bras! Telle est leur vigueur, que s'ils saisissaient les cordages d'un vaisseau de ligne, ils le feraient infailliblement sombrer. Après être resté quelque temps sur les flots, le monstre redescend avec la même lenteur, et le danger n'est guère moindre pour le navire qui serait à sa portée, car, en s'affaissant, il déplace un tel volume d'eau, qu'il occasionne des tourbillons et des courants aussi terribles que ceux de la fameuse rivière Malé (le Maelstrom). »

V

L'histoire des céphalopodes est du reste un thème sur lequel de tout temps les imaginations se sont plu à broder. Écoutons Élien :

« J'ai appris, raconte-t-il, qu'à Pouzzoles, en Italie, un poulpe arrivé à un degré d'embonpoint extraordinaire avait conçu du dédain pour la pâture et les habitudes maritimes. Il s'aventure donc sur la terre, fait sa proie de ce qu'il rencontre, et parvient à s'introduire à la nage dans un souterrain secret par où on jetait à la mer les ordures de la ville déjà citée ; de là il monte dans une maison voisine où se trouvait la cargaison de marchands ibériens entre autres des comestibles secs et salés dans de grands vases. L'animal prend les vases dans ses bras, les brise et en mange le contenu.

« A la vue des débris et de la disparition de tant d'objets, les marchands, dès leur entrée dans le dépôt, furent stupéfaits. On se perdait en conjectures sur l'auteur des ravages ; car les portes n'offraient aucune marque d'effraction, la voûte et les murailles étaient intactes : les marchands décidèrent donc que le plus audacieux resterait caché et armé dans l'intérieur de la salle de dépôt.

Le poulpe se rend la nuit, en rampant, à son festin accoutumé, tel qu'un athlète qui étreint avec vigueur et précaution son adversaire, jusqu'à ce qu'il l'ait étouffé, de même, pour ainsi dire, le poulpe voleur brise sans peine les vases de terre. La lune se trouvait alors dans son plein, la maison en était toute éclairée, et tout se distinguait aisément à sa clarté.

« L'homme seul n'osa attaquer le poulpe ; il était effrayé de cette bête, qui sans doute eût été plus forte que lui. Le matin venu, il raconta en détail aux marchands ce qui s'était passé, mais il les trouva incrédules.

« Enfin les marchands résolurent d'attaquer de concert leur ennemi. Impatients d'un spectacle nouveau et merveilleux, les combattants s'enferment dans la maison. Le soir venu, le voleur se précipite vers son repas accoutumé. Dès qu'il est entré, les uns de fermer l'issue de l'égout, tandis que les autres, couverts de leurs armes, se jettent sur l'ennemi et lui coupent les membres avec des couteaux et d'autres armes tranchantes bien aiguisés : tel le vigneron ou le bûcheron fait tomber les branches d'un chêne. Ses bras puissants une fois coupés, ce ne fut encore qu'avec une peine excessive qu'ils parvinrent à le tuer. Ce qu'il y a de bizarre dans ce fait, c'est que ces marchands pêchèrent ainsi un poisson sur terre. Mais, en outre, le naturel artificieux et rusé de cet animal nous est mis au jour dans ce récit. »

VI

Élien nous montre ailleurs le poulpe donnant à son corps la couleur du rocher sur lequel il repose. Le fait du changement de couleur est réel ; c'est un des traits les plus curieux de l'histoire de ces animaux. Il a été observé à Nice avec soin par M. Verani, sur des individus du genre Élédone. Quand elle dort, l'élédone est d'un gris livide en dessus, vineux en dessous avec des taches blanches. Éveillée, mais tranquille, elle est jaunâtre ; ses yeux sont largement ouverts, sa respiration est régulière. Lorsqu'elle marche, elle est d'un gris perlé avec des taches lie de vin. Lorsqu'elle nage, elle est d'un jaune clair livide, avec de très-petits points rougeâtres et des taches claires. Enfin, si on l'irrite, et rien n'est plus aisé, il suffit de la toucher même légèrement ; elle prend une belle couleur marron, se couvre de tubercules, contracte les yeux, lance par son entonnoir une colonne d'eau qui peut jaillir à un mètre de distance : en même temps, sa respiration s'accélère, elle devient saccadée, irrégulière.

VII

Ces aimables animaux ont de nombreux ennemis. Les cétacés, surtout les dauphins, en font une énorme consommation ; de même les squales. L'homme aussi s'en mêle, et la *seiche* en particulier, recherchée à cause de sa chair savoureuse, est sur nos côtes l'objet d'une pêche que M. le vicomte de Dax a décrite d'une manière charmante :

« Sur les côtes d'Italie et dans le midi de la France, on se sert d'une espèce de ligne de fond dont la longueur est de 8 ou 10 brasses. Un plomb est attaché à l'un des bouts, et à $0^{m},10$ ou $0^{m},12$ plus haut, un morceau de liége, fixé par un nœud en dessus et en dessous et garni de forts hameçons qui doivent présenter de tous les côtés leurs pointes aiguës. De courtes bandes de drap rouge, solidement attachées, flottent tout autour du liége et ont pour but d'attirer l'attention du polype, toujours prêt à s'élancer sur tout objet qui passe à sa portée.

« Ceux qui n'ont pas de barque à leur disposition parcourent les bords de la mer, font le tour des rochers que l'eau baigne de tous côtés, suivent les anfractuosités, s'arrêtent devant tous les trous et promènent leur ligne en tout sens, en ayant soin de la soulever continuellement, de façon à ce que les bandes de drap imitent en se pliant et se dépliant les mouvements d'un être animé.

« Si une seiche se trouve aux environs, elle accourt, agite ses bras nombreux, fond sur la proie qu'elle convoite, l'enserre, fait agir toutes ses ventouses, et quand elle croit la tenir en son pouvoir, elle cherche à l'entraîner dans quelque trou, où elle pourra la dévorer à son aise ; mais ses calculs seront trompés, sa voracité cause sa perte : les secousses qu'elle imprime à la ligne avertissent le pêcheur ; il donne un coup sec, et deux ou trois hameçons percent la seiche, qui, en se sentant piquer, redouble ses efforts de constriction, et ce n'est que lorsqu'elle est hors de son élément qu'elle abandonne l'appât trompeur, fait des tentatives pour se dégager, mais trop tard. Violemment jetée sur le sol ou frappée contre un rocher, elle reste étendue, ne présentant à l'œil qu'une masse molle et sans forme.

« Quand on est en bateau, on peut pêcher un peu loin des côtes, mais toujours dans les parages rocheux et dans les endroits où l'eau est peu profonde.

« Quoique cette méthode soit amusante, elle ne l'est cependant pas autant que celle que l'on emploie sur les côtes de l'Océan, entre autres à Biarritz.

« Dès que la mer se retire, que les récifs, les grottes, les rochers sont à découvert, chaque pêcheur s'arme, s'équipe, l'un pour prendre de belles crevettes dans les flaques d'eau cristalline, l'autre pour piquer avec un fleuret aiguisé et barbelé, emmanché au bout d'un bâton, les grands tourlourous, les crabes, les étoiles de mer, ou les innombrables oursins qui grouillent dans les varechs et dans chaque creux des rochers.

« Quant à nous, si vous le voulez bien, nous allons à la recherche des seiches, et ce ne sera pas temps perdu, je l'espère.

« Il faut à chacun de nous un roseau de 3 mètres de long et un bâton de bois solide, de la grosseur du pouce et long de 1 mètre. Au petit bout du roseau, nous allons attacher solidement des morceaux de linge, de drap, blancs, bleus, rouges ou jaunes, peu importe, et en ayant soin d'en laisser flotter quelques bouts : voici pour l'amorce.

« Au bout du bâton, nous fixerons, avec du fil ciré ou, mieux encore, avec du fil de laiton recuit, un fort hameçon, dans le genre de ceux dont se servent les Terre-Neuviens pour la pêche à la morue ; à Bayonne, il y en a d'excellents. Comme vous êtes novice encore, ne vous formalisez pas si je doute un peu de votre adresse à piquer tout d'abord la seiche ; aussi, si vous le voulez bien, nous en placerons deux à votre bâton, et maintenant, les deux pointes un peu écartées et comme les pattes d'une ancre, si vous n'attrapez avec l'un, l'autre accrochera peut-être : voilà pour l'arme.

« Il est bientôt temps de partir; les cormorans arrivent de la haute mer. Regardez ce rocher aigu et dentelé en face du Vieux-Port : ils s'y rendent tous, c'est leur quartier général. Dès que cette pointe que vous apercevez à gauche sera tout à fait hors de l'eau, nous pourrons descendre sur les rochers et commencer notre opération; mais, avant, il faut que vous appreniez à vous servir de vos instruments, et que vous reconnaissiez d'un coup d'œil les endroits où vous devez pouvoir les utiliser.

« Souvenez-vous que jamais la seiche n'abandonne volontairement son élément; que, mieux que vous, elle connait les endroits que la mer ne doit pas quitter, même dans les plus basses marées : ce n'est donc pas dans les rochers complétement découverts, dans les trous qui sont à sec, que vous devez chercher, mais bien sous toutes les pierres, dans toutes les ouvertures au-dessous du niveau de la mer, n'y eût-il que 3 ou 4 pouces d'eau.

« Cette règle invariable bien comprise, dès que vous croirez avoir trouvé un endroit réunissant toutes les conditions voulues, approchez-vous dou-

Pêche de la sèche à Biarritz.

cement, en évitant, autant que possible, de faire du bruit; tenez le roseau de la main gauche, le bâton, armé des hameçons, de la main droite. Si vous êtes rangé dans la rare catégorie des gauchers, faites le contraire, si vous le trouvez plus commode, je ne vous en empêche pas. Poussez, sous le rocher ou dans le trou, les chiffons attachés au roseau; retirez-les sans saccades, d'un mouvement uniforme et lent; puis, faites-les pénétrer plus avant, jusqu'à ce qu'ils rencontrent le fond, et retirez-les de nouveau. S'il n'y a rien, vous allez recommencer plus loin; s'il y a une sèche, vous sentez une grande résistance, un poids assez lourd; quand vous retirez le roseau, vous éprouvez de brusques secousses. Si vos morceaux de chiffons ne sont pas solidement liés, vous risquez fort de les laisser entre les bras de la sèche; mais s'ils sont ficelés consciencieusement, comme ceux que nous venons d'arranger, vous voyez bientôt la vilaine bête hors de sa demeure : tous ses bras nombreux, toutes ses ventouses compriment, enveloppent, sucent chiffons, ficelles et roseau. Sa longue poche traîne par derrière (c'est, j'en suis persuadé, le siége de sa puissance pneumatique, sa machine à faire le vide); que ce soit cela ou non, c'est là que vous devez planter votre hameçon, en passant dextrement le bâton par-dessous, le relevant vivement et le ramenant à vous par un coup sec. Vous soulevez alors, d'un même mouvement, le roseau et le bâton hors de l'eau. Si vous avez un panier, vous y mettez prestement votre mollusque; si vous n'en avez pas, vous le frappez violemment contre une pierre, et le tour est fait. »

Plongeur malais surpris par un poulpe géant.

Huîtres.

XVIII

L'HUITRE

Il y a des mollusques qui n'ont pas de tête ; on les nomme *acéphales*, et dans le nombre est l'huître.

N'ayant point de tête, elle n'a ni organe de la vue, ni organe de l'ouïe, ni organe de l'odorat.

Elle n'a pas non plus d'organe de locomotion. C'est un animal d'une structure peu compliquée. Cependant elle a une bouche grande et très dilatable, un estomac qui est une poche à parois très-minces, un intestin, un foie volumineux dans l'épaisseur duquel sont placés l'estomac et l'intestin, des branchies, un cœur composé d'une oreillette et d'un ventricule qui entoure le rectum, cœur auquel aboutissent deux gros vaisseaux et d'où part un tronc aortique qui se divise en trois branches, une pour la bouche, une pour le foie et les organes digestifs, la troisième pour le reste du corps. Le sang est incolore. L'animal adhère aux deux valves de sa coquille par un muscle assez puissant situé vers le centre du corps.

Les huîtres sont des mollusques marins ; elles vivent non loin des rivages à des profondeurs peu considérables fixées aux rochers et souvent les unes aux autres, par leur valve inférieure, et formant quelquefois des amas ou, comme on dit, des *bancs* d'une étendue considérable. Leur seul exercice est d'ouvrir et de fermer leurs valves, et leur seul plaisir de manger. Comme ces mollusques ne peuvent aller chercher leur nourriture, celle-ci vient d'elle-même les trouver ou leur est apportée par le mouvement des flots ; elle se compose de matières animales en suspension dans l'eau. Bien qu'on ne connaisse que des huîtres marines, un savant géologue, M. Beudant, a montré par des expériences faites en 1816, qu'on peut les amener graduellement à vivre dans l'eau des fleuves.

L'emploi alimentaire et la renommée des huîtres datent de très-loin. Les Grecs recherchaient celles de l'Hellespont, et après avoir mangé le mollusque, ils se servaient de ses écailles pour exprimer leurs suffrages dans les assemblées populaires. De là vient le nom d'*ostracisme*. Le seul rôle politique qu'à notre connaissance les coquilles d'huîtres aient joué dans les temps modernes, est celui qu'on leur fit un jour remplir dans un village de Zélande où, à l'occasion du passage du roi des Pays-Bas, on s'en servit pour construire un arc de triomphe.

Les huîtres étaient en grand honneur parmi les Romains, qui, à une certaine époque, les classaient ainsi par rang d'excellence : d'abord celles du lac Lucrin, ensuite celles de Brindes, de Tarente et de Circei. Plus tard ils en firent venir de l'Hellespont et de la Garonne, et quand ils eurent conquis la Grande-Bretagne, celles qui vivent sur les côtes de cette île obtinrent leur préférence. Athénée rapporte que le célèbre gourmet Apicius avait trouvé l'art de les conserver très-longtemps, art sans lequel il eût été impossible, surtout à cette époque, de leur faire franchir d'aussi grandes distances. Ce secret est perdu, mais le hasard nous a appris, il y a peu d'années, que la difficulté de conserver ces mollusques hors de l'eau n'est pas, en certaines circonstances, du moins, aussi grande qu'on le croit généralement. M. Hamon rapporte, en effet, qu'allant pendant un été très-chaud de Cancale à Rochefort, il laissa à Nantes une manne d'huîtres qu'il avait entamée. Dix-sept jours après, repassant par cette dernière ville, il retrouva ses huitres vives, fraîches et saines, quoiqu'elles eussent passé ce temps hors de l'eau dans un panier; voulant compléter l'expérience, il en rapporta une partie à Cancale, et les plaça dans un parc, où elles prospérèrent.

Les Romains les mangeaient tantôt crues et frappées de glace, tantôt cuites, et comme sous cette dernière forme elles sont beaucoup moins digestives, ce qui vient de la coagulation de leur albumine, ils leur associaient alors cet étrange et fameux condiment, le *garum*, dont Pline nous a conservé la recette. Le liquide s'écoulant d'intestins et de débris de poissons saturés de sel et en train de se putréfier en formait la base; on y ajoutait des aromates et du vin ou du vinaigre ou de l'huile, suivant l'espèce de *garum* qu'on voulait obtenir, et il y en avait un grand nombre. Toutes se présentaient sous forme d'une liqueur noire d'un aspect repoussant et d'une odeur infecte. Cette sanie (*sanies putrescentium*) étant un stimulant très-énergique, se payait aussi cher que les parfums les plus rares.

L'huître forme un aliment sain, léger, et de facile digestion : « Elle peut, dit M. Adolphe Pasquier, être considérée comme l'aliment digestible par excellence ; c'est la base de toutes les substances capables de nourrir et de guérir sans effort l'estomac. » Aussi voit-on des personnes qui en mangent des quantités considérables et qui non-seulement n'en souffrent pas, mais encore dînent après comme si de rien n'était. Aucun moderne n'approche cependant de Vitellius, qui, au dire des historiens, en mangeait cent douzaines à chacun de ses quatre repas. On cite comme phénoménal un certain docteur Gastaldi, qui en mangeait de trente à quarante douzaines. De ce docteur à l'empereur romain la distance est grande.

« Il n'est point, dit le docteur Reveillé-Parise, de substance alimentaire, sans même en excepter le pain, qui ne produise des indigestions dans une circonstance donnée ; les huîtres, jamais ! C'est un hommage qui leur est dû. On peut en manger aujourd'hui, demain, toujours, en manger à profusion, l'indigestion n'est point à redouter. » Cependant, comme tous les panégyristes, le spirituel docteur dépasse peut-être ici la stricte limite du vrai ; il n'est pas certain que la *profusion* soit absolument sans inconvénient, et l'Estoile attribue un flux de sang que Henri IV éprouva à Rouen, en 1603, à l'abus que ce prince fit des huitres pendant son séjour dans cette ville.

On a presque toujours les défauts de ses qualités, et les huitres ne font pas exception à cette règle. Si elles sont de très-facile digestion, en échange elles sont peu nutritives. Les chimistes dans ces derniers temps ont évalué à 315 grammes la quantité de substance azotée sèche nécessaire à l'alimentation quotidienne d'un homme. Or M. Payen a trouvé que celui qui voudrait demander ces 315 grammes à une nourriture entièrement composée d'huîtres, devrait en manger seize douzaines! Ceci montre qu'il n'en est pas de l'huître comme du poisson et que les procédés relatifs à l'élève et à la multiplication du précieux mollusque n'intéressent qu'à un assez faible degré l'alimentation nationale.

La pêche de l'huitre se fait en certains pays d'une manière encore bien primitive. A Mayorque, par exemple, elle est faite par des plongeurs qui descendent dans l'eau, armés d'un marteau. Un procédé aussi élémentaire n'est possible que dans les localités où le mollusque est peu abondant, la consommation restreinte et la main-d'œuvre à très-bas prix. On a recours chez nous à des moyens bien autrement expéditifs. La pêche s'exécute à la *drague*, sorte de râteau ou de pelle en

Pêche aux huîtres.

fer pourvue d'un filet et attachée par une longue corde à l'arrière du bateau-pêcheur. Celui-ci voguant à pleines voiles, la drague racle le fond de la mer et détache le mollusque, qui tombe dans le filet.

Afin de ne pas épuiser les bancs, on les divise en plusieurs zones qui sont livrées successivement à la pêche : pendant que l'une d'elles est en exploitation, l'huître dans les parties réservées se multiplie et acquiert la taille marchande. La pêche est en outre défendue pendant les mois de mai, juin, juillet et août, pendant lesquels l'huître jette son frai. Ce sont aussi les mois pendant lesquels on s'abstient d'en manger (les mois dans les noms desquels il n'y a pas la lettre *r*), et c'est précisément dans ces mois-là, pour le dire en passant, que les moules sont recherchées, si l'on peut dire toutefois que cet humble mollusque soit recherché.

Mais les huitres n'ont pas, au sortir de la mer, toutes leurs qualités, et pour les rendre à la fois plus grasses, plus tendres, plus savoureuses, on les dépose, avant de les livrer à la consommation, dans des parcs de un mètre et plus de profondeur, dont le fond est recouvert de sable ou de galets, dont les bords sont disposés en talus et qui communiquent avec la mer à l'aide d'un conduit par où l'eau peut entrer et sortir. Dans les uns, l'eau est renouvelée à chaque marée, dans les autres, elle ne l'est qu'une ou deux fois par mois : les parcs de Marennes, Tréport, Étretat, Fécamp, Dunkerque, sont dans le premier cas ; ceux du Havre et de Dieppe sont dans le second.

Le temps pendant lequel on y laisse les huîtres varie de quelques jours à un mois. Elles acquièrent dans certaines circonstances, en même temps qu'une couleur verdâtre, une saveur piquante qui s'ajoute à leurs titres ordinaires de recommandation.

Valmont de Bomare, croyant sans doute que les huîtres paissent l'herbe, prétend que la coloration des *huîtres vertes* ne se produit que dans les parcs entourés de verdure, opinion qui n'a pas besoin d'être réfutée.

D'après M. Gaillon, elle serait due à un animalcule microscopique, le *vibrio ostrearius*, dont l'huître fait sa nourriture, mais Bory de Saint-Vincent a prouvé que ce vibrion n'est pas normalement vert, et qu'il ne le devient que dans les circonstances où l'huître elle-même prend cette couleur. Bory attribuait cette coloration à la *matière verte* de Priestley, qu'on voit apparaître dans toutes les eaux soumises à l'action de la lumière.

D'autres ont fait jouer à des navicules, lesquelles se multiplient prodigieusement dans les parcs dont l'eau n'est pas fréquemment renouvelée, le rôle attribué par M. Gaillon au *vibrio ostrearius*.

D'autres encore disent que c'est au sol qu'appartient le principe colorant.

Le plus probable est que l'huître verte doit sa saveur tant appréciée à... une maladie du foie. Telle est l'opinion de M. Coste, c'était aussi celle de M. Valenciennes, d'après qui, la cause immédiate de la coloration réside dans une substance animale *sui generis*, due à un état particulier de la bête. Cette substance a été analysée par M. Berthelot.

L'art de parquer les huîtres est probablement fort ancien. Artémidore dit que les riverains du golfe Arabique entretiennent des coquillages charnus dans des mares qu'inonde l'eau de la mer, et que ces coquillages leur servent de nourriture quand le poisson est rare.

Cependant on attribue généralement l'invention des parcs à Sergius Orata, qui vivait avant la guerre des Marses, et qui, ayant eu l'idée de mettre des huîtres dans le lac Lucrin pour les y engraisser, fit un commerce considérable de ce mollusque perfectionné. Charles Étienne donne ainsi l'étymologie de ce lac, situé au fond du golfe de Baïa, près des ruines de la ville de Cannes : « *A Lucro dictus*, écrit-il, à cause de la grande pêche qu'on y faisait. » Il n'en reste plus rien ; le président de Brosses en donne la description suivante : « Ce n'est plus qu'un mauvais margouillis boueux. Ces huîtres précieuses du grand-père de Catilina, qui adoucissent à nos yeux l'horreur des forfaits de son petit-fils, sont métamorphosées en malheureuses anguilles qui sautent dans la vase. Une vilaine montagne de cendres, de charbon et de pierres ponces, qui, en 1538, s'avisa de sortir de terre, tout en une nuit, comme un champignon, a réduit ce pauvre lac dans le triste état que je vous raconte. »

On connaît une soixantaine d'espèces d'huîtres, mais il n'en est qu'un petit nombre qui soient admises à l'honneur de figurer sur nos tables, et ce sont les suivantes :

L'*huître édule*, nommée aussi *petite huître*. On la trouve sur presque toutes les côtes de la Manche. Sa valve supérieure est plate, l'inférieure est bombée. C'est celle dont on fait à Paris la plus grande consommation. L'*huître d'Ostende* n'en est qu'une variété et, comme nous l'avons dit, l'*huître verte* n'est que l'huître édule cultivée et non une espèce distincte.

L'*huître pied-de-cheval* est la plus grande de toutes, mais non la plus savoureuse. Les deux valves sont bombées. Elle habite la même mer que la précédente. On la mange le plus ordinairement cuite et en la découpant au couteau, en raison de ses dimensions qui peuvent égaler celles d'une petite assiette. M. Lafosse a obtenu à la Hogue des hybrides de cette espèce et de la précédente :

L'*huître cuiller*, ou *huître de la Méditerranée*, est ovale, oblongue, épaisse, et a la valve supérieure concave.

L'*huître de l'Adriatique* est mince et denticulée d'un côté. C'est celle qu'on mange à Venise.

L'*huître d'Alger* a un test épais et la valve inférieure est souvent percée par les animaux marins.

L'*huître parasite*, ou *huître des mangliers*, très-commune sur les côtes du Brésil, s'attache presque toujours aux racines des mangliers et d'autres arbres qui croissent sur le rivage et dont le pied est baigné par les eaux de la mer. La valve inférieure se moule sur ces racines, la supérieure est d'un blanc violet. On la sert sur les tables encore attachée aux objets sur lesquels elle s'est développée.

La durée de la vie des huîtres n'est pas exactement connue. On croit qu'elle est d'une dizaine d'années. Les pêcheurs disent qu'elles ont au bout de trois jours trois lignes de diamètre, à trois mois la dimension d'une pièce de trente sous, à six mois celle d'un écu de trois livres et à un an celle d'une pièce de six francs ; vieux style comme on voit, et vieux document. Il faut trois ans, d'après M. Coste, pour qu'elles acquièrent la taille marchande ; mais il parait que leur croissance est plus ou moins rapide suivant les circonstances; ainsi M. Dureau de la Malle rapporte que les mêmes huîtres qui, sur le banc de l'Yellette, n'acquièrent toute leur taille (0^m,09 de diamètre) qu'en cinq ans, l'atteignent en un an et demi dans la baie de Cancale.

Les huitres sont à la fois mâle et femelle. On pense qu'elles se produisent à l'âge de quatre mois. Elles frayent ou pondent en mer depuis le commencement de juin jusqu'à la fin de septembre. Dans les parcs, la ponte a lieu plus tôt, quelquefois dès le commencement de mai, ce qui paraît dépendre de la température qu'acquiert l'eau conservée dans des bassins peu profonds. Le frai forme une sorte de bouillie blanchâtre auquel on donne communément le nom de *lait ;* de là aussi le nom d'huîtres *laiteuses*, donné à celles qui sont en train de frayer.

Leur fécondité est extrême. M. Davaine a trouvé de six cent à douze cent mille œufs dans une huître *pied-de-cheval*, et comme elles font plusieurs pontes dans une saison, il n'y a rien d'invraisemblable dans l'évaluation qui porte à deux millions le nombre d'œufs qu'un seul individu peut donner annuellement.

L'huître n'abandonne pas ses œufs au moment de la ponte ; elle les garde en incubation pendant plusieurs semaines entre les lames de ses branchies. Quand les petits sortent de l'œuf, ils n'ont pas encore la forme de l'adulte; l'huitre est un animal à métamorphoses. La larve est douée d'une faculté qui manque à sa mère, celle de se mouvoir librement dans le liquide ambiant. Il en est du reste ainsi des petits de tous les animaux fixés, et l'on comprend que la vie de ces animaux ne peut guère commencer autrement. La petitesse des larves de l'huître est telle que, d'après Leeuwenhoeck, il en faudrait un million sept cent vingt-huit mille pour former une sphère de 1 pouce de diamètre (0^{m},027).

Retour des pêcheurs d'huitres.

Poisson-scie.

XIX

LA NACRE ET LES PERLES

La nacre et les perles sont produites, personne ne l'ignore, par des animaux à coquilles, c'est-à-dire par des mollusques.

Divers mollusques, les patelles, les haliotides, la moule commune, en donnent, mais il est un qui produit de bien plus belle nacre et de bien plus belles perles que tous les autres ; ce mollusque est l'*avicule mère perle* (*avicula margaritifera*).

Il s'enferme, comme l'huître, dans une coquille bivalve; comme l'huître, il appartient à la classe des acéphales. Son nom d'*avicule* (*avis*, oiseau) lui vient de ce que, dans certaines espèces, les valves étant écartées, l'animal a une certaine ressemblance avec un oiseau dont les ailes sont ouvertes. Les amateurs lui donnent même le nom d'hirondelle. Ses espèces, au nombre de vingt environ, habitent les mers des pays chauds. Pline dit que celles qui produisent les plus belles perles se trouvent dans l'océan Indien, ce qui est encore vrai aujourd'hui. L'*avicule mère perle* foisonne dans les environs de Ceylan, où elle forme des bancs de plusieurs lieues de longueur. De même dans le golfe Persique. On en tirait naguère une si grande quantité du golfe d'Arabie, qu'elles portaient le nom de pierreries de la mer Rouge. Améric Vespuce rapporte qu'il s'en trouvait en grande abondance dans les parages visités par lui durant sa seconde navigation : les sauvages les troquaient avec empressement contre quelques verroteries. On en trouve également dans la Méditerranée.

Mais qu'est-ce que la nacre, et qu'est ce que la perle?

La nacre est une substance calcaire très-dure,

brillante, d'un blanc argentin, à reflets irisés, qui garnit l'intérieur de la coquille, et la perle n'est autre chose qu'un globule isolé de nacre.

La nacre fait partie intégrante de la coquille. La perle, au contraire, n'est qu'un accident. Tel mollusque en renferme — on en a trouvé jusqu'à soixante-dix-sept dans un même individu — tel autre, de la même espèce et de la même variété que le précédent, semblable pour tout le reste à celui-ci et vivant à côté de lui, n'en a pas. Pourquoi?

C'est que le premier s'est trouvé dans le cas de réparer quelque accident survenu à sa coquille ou de se préserver du contact d'un corps incommode introduit entre ses valves; et que le dernier n'a pas connu cette nécessité.

Qu'une *avicule* soit blessée en quelque partie de son test, par exemple, qu'un animal perforant ronge sa coquille, ou qu'un corps dur, anguleux, un imperceptible grain de sable pénètre dans celle-ci; bientôt une excroissance de nacre bouchera l'ouverture, ou la nacre sécrétée autour du grain de sable préservera du contact de celui-ci la peau fine et délicate du mollusque. Aussi existe-t-il presque toujours un petit corps étranger au centre des perles isolées, et on est à peu près sûr de trouver des excroissances de nacre ou des perles adhérentes dans l'intérieur d'une coquille dont le test montre à l'extérieur la trace de profondes blessures. Bien plus! on détermine la production de perles en introduisant de très-petits grains de sable dans une avicule vivante, ou en perforant sa coquille de manière à mettre à nu, sans le blesser, un point du corps du mollusque.

Telle est l'humble origine du produit que les Orientaux qualifient poétiquement de gouttes de rosée durcie, et dont leurs poëtes ont fait l'emblème de la perfection et de la beauté.

L'histoire nous apprend que, de temps immémorial, ce genre d'ornement a été recherché. Il en est parlé dans le livre de Job et dans le livre des Proverbes. Une tenture de perles faisait un des principaux ornements de la salle où Assuérus donnait ses audiences. Dès la plus haute antiquité, les princes de l'Orient enrichissaient de perles leurs vêtements, leurs armes et leurs meubles ; il en est encore de même aujourd'hui. Tavernier vendit à un schah de Perse, au prix de deux millions sept cent mille francs, une perle qu'il avait achetée à Catifa. Avec le goût du luxe, la passion des perles s'empara des Grecs et des Romains. César offrit à Servilie, mère de Brutus, une perle valant plus d'un million de notre monnaie. Pline évalue la fameuse perle avalée par Cléopâtre à une somme qui représenterait aujourd'hui cinq millions. Il rapporte que Pompée avait un cabinet entièrement tapissé de perles. Il dit aussi avoir vu Lollia Paulina, qui devint l'épouse de Caligula, porter sur elle pour quatre millions de perles et d'émeraudes : ses cheveux, ses oreilles, son cou, ses bras et ses doigts en étaient surchargés. Parmi les plus grosses qu'on ait vues, on cite celle qui fut présentée à Philippe II, en 1579, et qui était de la grosseur d'un œuf de pigeon. Elle avait la forme d'un poire et venait de Panama ; on l'évaluait à cent mille francs, ce qui équivaudrait aujourd'hui à près d'un million. « Parmi la quantité de perles que l'on présente tous les ans au roi d'Espagne — lisons-nous dans un auteur du siècle dernier — ce prince fait mettre à part les plus belles, et les emploie au service divin. On peut juger de la quantité qu'il consacre à ce pieux usage, par un habit de Notre-Dame de la Guadeloupe, dont tout le blanc n'est autre chose que des perles, le rouge et le vert sont d'émeraudes et de rubis. Il n'y a dans le monde que le souverain des Indes qui puisse mettre une si grande magnificence dans sa dévotion. »

Une collection de quatre cent huit perles, évaluée à cinq cent mille francs, faisait partie, sous le dernier règne, du trésor de la Couronne de France. Une grande régularité dans la forme (ronde, ovale ou pyriforme), une belle eau ou une teinte blanche vive, à reflets brillants, semblables à ceux de l'opale, ce qu'on appelle un *bel orient*, enfin une grosseur un peu considérable, telles sont les qualités qui donnent de la valeur à une perle. Celle qui les réunit supporte la comparaison avec les rubis. Elles sont néanmoins bien plus sujettes que ces derniers aux caprices de la mode, ce qui vient de l'inconvénient qu'on leur a reconnu de perdre quelquefois, et tout à coup, leur éclat.

On peut leur rendre le brillant en les faisant avaler par des pigeons; Redi a constaté l'efficacité de ce moyen ; mais en même temps il avertit qu'il ne faudrait pas laisser la perle bien longtemps dans le tube digestif de l'oiseau, vu qu'en vingt-quatre heures elle y perd le tiers de son poids. Cette méthode est en usage à Ceylan où, d'après l'*Asiatic Journal*, on tue au bout d'une minute le poulet (c'est un poulet qu'on y emploie) à qui cette restauration est confiée. Les frottements que les perles ingérées éprouvent dans l'estomac, peut-être aussi l'action des sucs gastriques, expliquent le résultat que les joaillers pourraient obtenir d'une façon plus rationnelle et moins barbare.

Comme on l'a dit, l'avicule forme des bancs considérables dans la mer Rouge, dans le golfe Persique, dans le détroit de Manaar, entre l'île de Ceylan et la pointe de la grande presqu'île hindoue, dans le golfe de Bengale, dans celui du Mexique, dans la mer Vermeille, etc... Chaque mollusque est attaché par son bissus à des roches sous-marines, situées à d'assez grandes profondeurs ; un banc de l'île de Ceylan occupe ou occupait une longueur de 10 lieues. Afin de ne pas détruire des coquilles trop jeunes pour être productives, ce banc est mis en coupe réglée, dont chacune forme le septième du tout ; on exploite chaque année une de ces parties. On admet à Ceylan que les avicules atteignent toute leur taille en sept ans, et que passé ce terme l'animal expulse de sa coquille les perles devenues incommodes.

La pêche commence dans les premiers jours de février et finit en avril. Venues des îles voisines et de divers points du continent, les barques qui ont acheté du gouvernement du pays le droit d'y prendre part s'assemblent dans la baie. A dix heures du soir, un coup de canon leur donne le signal du départ; elles arrivent à la pointe du jour sur le banc où la pêche doit se faire. Chaque barque est montée par vingt hommes outre le patron ; il y a dix rameurs et dix plongeurs. Ces derniers ont pris dès l'enfance l'habitude de leur rude métier ; les plus habiles viennent de Colung, de la côte de Malabar et de l'île Manaar. Ils se partagent en deux groupes de cinq chacun, qui alternativement restent à bord pour hisser ceux qui plongent. Pendant les jours qui ont précédé, ils ont enduit leur corps d'huile et fait usage d'une nourriture plus substantielle que d'ordinaire,

Pêche de la nacre et de la perle dans l'Inde.

et chacun d'eux s'est muni de trois feuilles de néflier sauvage sur lesquelles sont tracés des caractères qui doivent les préserver de la rencontre ou de l'attaque des monstres marins.

Au cou du plongeur est suspendu un petit panier ou un sac en filet, destiné à recevoir la récolte. Il saisit une corde lestée d'une grosse pierre, met ses pieds sur celle-ci, et, par une forte inspiration ayant rempli sa poitrine d'une grande quantité d'air, il donne un signal ; on file la corde, et le poids de la pierre entraîne l'homme. Combien de temps reste-t-il sous l'eau ? Jusqu'à cinq et six minutes d'après quelques auteurs, mais un officier de la marine royale d'Angleterre, qui a suivi cette pêche dans le golfe Persique, M. Welsted, déclare qu'une minute est le terme moyen, et qu'une seule fois il a vu la durée de l'immersion atteindre une minute et demie. Combien ramassent-ils d'huîtres ? De huit à dix d'après l'observateur qu'on vient de nommer, et cela quand les coquilles sont en groupes serrés. Afin de retenir son haleine, le plongeur se met parfois sur le nez un morceau de corne élastique qui tient les narines fermées : quand il veut remonter, il donne une secousse à la ligne, et les gens du bateau l'enlèvent avec toute la rapidité possible. A peine arrivé, il rend le sang, par le nez et par les oreilles, à moins qu'il ne le rende par de plus grandes ouvertures, ayant fait la rencontre d'un requin ou d'un poisson-scie.

Dans le golfe Persique, un banc d'avicules s'étend depuis Sharja jusqu'au golfe des îles Bidulph. Le fond est de sable, de coquilles et de fragments de corail; la profondeur varie de 5 à 16 brasses. Le droit de pêche est commun, mais les altercations entre les tribus qui l'exercent sont fréquentes. Deux navires du gouvernement croisent habituellement dans ces parages, afin d'empêcher que ces querelles ne dégénèrent en une confusion générale; et la querelle qui ne peut être vidée sur les lieux se termine ordinairement dans les îles où les rivaux débarquent pour ouvrir les mollusques.

Les bateaux sont de dimensions et de constructions diverses et portent, terme moyen, de 10 à 15 tonneaux. La seule île de Barhein en envoie 3,500; la côte, depuis cette île jusqu'à l'entrée du golfe, 700, la côte de Perse, 100. Les équipages varient de dix à quarante hommes et le nombre total des marins en activité dans le cours de la saison s'élève à plus de trente mille. Ils vivent de dattes et de poisson, qui est abondant et de bonne qualité. Aucun d'eux ne reçoit de gages déterminés, mais ils ont un intérêt dans les profits de l'expédition. La valeur des perles recueillies par tous ces bâtiments monte à quatre cent mille livres sterling (dix millions de francs).

Lorsque les embarcations revenant de la pêche ont déchargé à terre leurs cargaisons d'huîtres, chaque propriétaire emporte son lot et procède chez lui à ce qu'on peut appeler le dépouillement du butin. Dans l'Inde, on a coutume d'étaler les coquillages sur des nattes étendues au fond d'une fosse creusée dans le sol, et de les abandonner à l'action de l'air et de la chaleur. Ils ne tardent pas à s'ouvrir et le mollusque se putréfie. Lorsque sa décomposition est assez avancée, on cherche les perles que les valves peuvent contenir, puis on recueille la matière animale décomposée et on la fait bouillir dans de l'eau qu'on tamise ensuite pour retrouver les perles qui ont échappé à la première inspection. En Amérique, on ouvre les huîtres une à une avec un couteau, et l'on cherche les perles en écrasant les mollusques entre les doigts. Cette méthode est plus lente, mais outre qu'elle n'est pas malsaine et répugnante, comme celle que nous venons de décrire, elle a encore, assure-t-on, l'avantage de laisser aux perles leur fraîcheur et la pureté de leur éclat.

Dans tous les cas, les perles extraites des coquilles sont bien lavées, puis polies avec de la poudre de nacre presque impalpable. On les trie ensuite par catégories, suivant leur grosseur, en les faisant passer par une série de cribles en cuivre de plusieurs dimensions. L'opération qui vient après le triage est le forage pour la mise en chapelets. Il se fait au moyen de poinçons de diverses grosseurs, suivant les numéros des perles. L'opération passe pour difficile : il faut, en effet, savoir apprécier le plus beau côté de chaque perle pour le mettre en évidence dans le chapelet. Les Indiens et les Chinois excellent dans ce travail et peuvent, dans leur journée, percer six cents grosses perles ou trois cents petites. On enfile sur soie blanche ou bleue les perles moyennes et petites ; on réunit les rangs par un nœud de ruban bleu ou par une houppe de soie rouge, et on les vend par *masses* de plusieurs rangs, suivant le choix. Les marchés pour le commerce des perles sont les mêmes que pour celui de la nacre. Ainsi que nous l'avons dit plus haut, on trouve quelquefois des perles dans certains coquillages d'Europe. La plupart proviennent des côtes septentrionales de la Grande-Bretagne, et sont connues dans le commerce sous le nom de *perles d'Ecosse ;* elles n'ont, en général, qu'une médiocre valeur. Le commerce des perles d'Orient trouve ses principaux débouchés en Perse, dans l'Inde, l'Indo-Chine et la Chine. Il s'en importe aussi d'assez grandes quantités en Europe. C'est en Russie et en Italie que les perles baroques s'écoulent le plus aisément. En Italie, il est peu de femmes du peuple qui ne possèdent pas au moins un collier de ces perles,

Quant aux perles globuleuses ou pyriformes d'une certaine grosseur, elles sont achetées par les joailliers de tous les pays. La *semence*, c'est-à-dire les très-petites perles, se vend beaucoup en Espagne pour les ornements d'église, mais c'est surtout en Orient qu'on l'emploie en broderies pour les vêtements. Les perles des pêcheries d'Amérique arrivent directement en France, en Espagne, en Angleterre, etc., par la voie de mer; celles de l'Inde passent par Constantinople; une partie est expédiée de là sur Leipzig. C'est aussi à la foire de Leipzig qu'un grand nombre de marchands français, allemands et italiens vont porter leurs perles pour les vendre aux Russes, aux Polonais et même aux Turcs, qui les achètent à titre de retour des châles, des pelleteries et des autres marchandises qu'ils ont placées en foire.

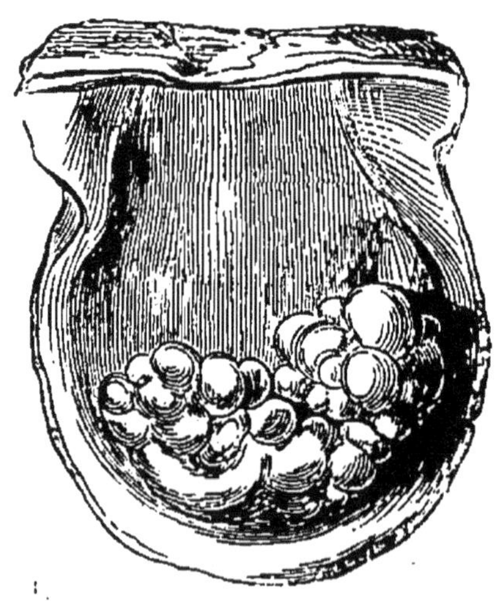

Pintadine. — Mère perle.

Préparation de l'holothurie.

XX

L'HOLOTHURIE

On la nomme vulgairement cornichon et concombre de mer, et ce nom donne assez bien l'idée de son apparence. C'est une grosse masse charnue allongée, dont la forme est tantôt celle d'un cylindre, tantôt celle d'un fuseau, d'une massue, d'un prisme pentagonal, etc. Il y en a qui n'ont que quelques centimètres de long, d'autres atteignent 1 mètre. La peau est molle chez les uns, coriace chez les autres; quelquefois transparente, d'autres fois opaque; plus ou moins lisse et dans certaines espèces très-raboteuse. Le tube digestif s'étend d'une extrémité à l'autre du corps; à un bout est la bouche placée au fond d'une espèce d'entonnoir et entourée d'un certain nombre d'appendices. Si on l'irrite, l'holothurie vomit tous ses viscères, et ces viscères se reproduisent. Dans une région plus ou moins étendue du corps, elle fait sortir un certain nombre de suçoirs rétractiles qui sont ses pieds; elle s'en sert pour s'attacher aux rochers et pour changer de place, bien qu'elle puisse également se mouvoir à la manière des serpents, par une sorte de reptation.

On en trouve dans presque toutes les mers, souvent à de grandes profondeurs, quelquefois près des bords, et il arrive que les vagues en jettent sur le rivage. Mais en beaucoup d'endroits, on n'attend pas qu'elles viennent d'elles-mêmes et on va les chercher. L'holothurie passe en effet pour un manger délicieux; les Napolitains en font grand cas, mais c'est surtout en Chine qu'on l'estime. Le fameux *trépang* est une holothurie; il est dans le Céleste-Empire l'objet d'une grande pêche et d'un grand commerce, et l'on dit que bien longtemps avant que les Européens connussent la Nouvelle-Hollande, les Malais se rendaient sur les côtes de ce continent pour y pêcher les holuthuries qui y abondent.

Dumont d'Urville a été témoin de cette pêche. *L'Astrolabe* et *la Zélée*, commandées par cet illustre explorateur, étaient mouillées dans la baie de Rafles. Sur un ilot, les savants officiers de l'expédition avaient établi leur observatoire.

« Souvent dans mes courses j'avais remarqué sur plusieurs points, raconte Dumont d'Urville, de petits murs construits en pierre sèches et affectant la forme de plusieurs demi-cercles accolés les uns aux autres. Vainement j'avais cherché à me rendre compte de l'usage auquel étaient destinées ces constructions, lorsque les pêcheurs malais arrivèrent. »

Quatre *praos*, portant les couleurs de la Hollande, étaient entrés dans la baie et avaient laissé tomber leurs ancres à une encâblure de l'observatoire. A peine les bateaux étaient-ils ancrés, que les Malais descendirent dans l'île plusieurs grandes chaudières en fonte affectant la forme d'une demi-sphère, dont le diamètre atteignait souvent la longueur d'un mètre; ils les placèrent sur les petits murs en pierre dont j'ai parlé et qui leur servent de foyers. Près de ces fourneaux improvisés, ils élevèrent ensuite des hangars en bambous, composés de quatre forts piquets fichés en terre, supportant une toilure qui recouvrait des claies destinées probablement à faire sécher le poisson lorsque le temps est à l'orage.

Les patrons s'étaient empressés de venir saluer les marins français. « Ils m'apprennent que, partis de Marcassar vers la fin d'octobre, lorsque la mousson d'ouest commence, ils vont pêcher les holothuries (le trépang) le long de la côte de la Nouvelle-Hollande, depuis l'île Melville jusqu'au golfe de Carpentarie, d'où les vents d'est les ramènent ; en opérant leur retour, ils visitent de nouveau tous les points de la côte, mouillant dans les baies où ils espèrent pouvoir pêcher avec succès et compléter leur chargement. Nous sommes aux premiers jours d'avril, la mousson d'est est définitivement établie, les pêcheurs malais retournent dans leurs foyers, et en passant, ils viennent exercer leur industrie dans la baie de Rafles. »

Cette foule d'hommes travaillant avec activité à établir leur laboratoire avait donné à cette partie de la baie un aspect inaccoutumé qui ne pouvait manquer d'attirer vers ce point les sauvages habitants de la Grande-Terre. « Bientôt, en effet, ils accoururent de tous côtés ; presque tous atteignirent la petite île, soit à la nage, soit en traversant à gué la nappe d'eau peu profonde qui la sépare de la Grande-Terre. Je n'aperçus qu'une seule pirogue en écorce d'arbre, mal assemblée, et qui avait donné passage à trois de ses visiteurs. Lorsque la nuit arriva, les Malais avaient terminé tous leurs apprêts ; quelques-uns d'entre eux seulement restèrent à la garde des objets déposés à terre, tous les autres regagnèrent leur bateau. ».

Dumont d'Urville visita un de ces *praos*. « La carène nous parut solidement établie, les formes mêmes ne manquaient pas d'élégance ; mais le plus grand désordre semblait régner dans l'arrimage ; au-dessus d'une espèce de pont formé par des bambous et des claies en jonc, on voyait au milieu des cabines, ressemblant à des cages à poules, une infinité de paquets, des sacs de riz, des coffres, etc. En dessous se trouvait la cale à eau, la soute du trépang et le logement des matelots.

« Chacun de ces bateaux est muni de deux gouvernails (un de chaque côté), qui se soulèvent à volonté lorsque le bateau touche le fond. Ces navires vont ordinairement à la voile ; ils sont munis de deux mâts sans haubans qui peuvent à volonté se rabattre sur le pont au moyen d'une charnière. Leurs ancres sont toutes en bois, car le fer n'entre que bien rarement dans les constructions malaises. Leurs câbles sont en rotin ou en gomoton. L'équipage se compose de trente-sept hommes environ. Le nombre des embarcations est de six pour chaque bateau. »

Pêche de l'holothurie.

Le lendemain, ces embarcations se dispersèrent dans la baie, et la pêche commença. Le premier mérite du bon pêcheur est de savoir parfaitement plonger ; il doit aussi avoir l'œil assez exercé pour distinguer aisément l'holothurie sur le fond de l'eau ; il la prend à la main. Tous les hommes plongeaient, sauf les patrons de chaque embarcation qui se tenaient debout dans leurs barques. Il était midi ; c'est le moment le plus favorable pour la pêche ; plus le soleil est élevé sur l'horizon, et mieux les plongeurs peuvent apercevoir leur proie et la saisir. L'astre ardent versait ses rayons sur leurs têtes sans les incommoder. Nos marins pouvaient les voir sous l'eau. Chaque homme en remontant à la surface tenait une ou deux holothuries de chaque main, les jetait dans les canots et disparaissait aussitôt. Quand les embarcations furent suffisamment chargées, d'autres les remplacèrent et les premiers regagnèrent l'îlot.

Aussitôt débarqué, le trépang, encore vivant, est jeté dans une chaudière d'eau de mer bouillante, et on le remue constamment au moyen d'une longue perche de bois appuyée sur une fourche fichée en terre afin de faire levier. L'animal rend en abondance l'eau qu'il contient ; au bout de deux minutes environ, on le retire de la chaudière. Un homme armé d'un large couteau l'ouvre pour en extraire les intestins, puis il le rejette dans une seconde chaudière, où on le chauffe de nouveau avec une très-petite quantité d'eau et de l'écorce de *mimosa*. Il se forme dans la deuxième chaudière une fumée abondante produite par l'écorce qui se consume. Le but de cette dernière opération semble devoir être de fumer l'animal, afin d'assurer sa conservation. Enfin, en sortant de là, le trépang est placé sur des claies et exposé au soleil afin de se sécher. Il ne reste plus ensuite qu'à l'embarquer.

Il était deux heures de l'après-midi quand les plongeurs cessèrent de pêcher et vinrent à terre. Bientôt ils entourèrent la tente du navigateur français. Le commandant du *prao* qu'il avait visité la veille lui offrit du trépang. Dumont d'Urville lui trouva un goût analogue à celui du homard, mais une répugnance invincible l'empêcha d'en manger ; ses hommes le trouvèrent fort bon. Ce zoophyte se vendait alors trente-deux francs environ les 125 livres sur les marchés de la Chine. Le capitaine dont il vient d'être question estimait son chargement à trois mille francs ; il lui avait fallu trois mois pour le faire.

Il était près de quatre heures lorsque les Malais terminèrent leurs opérations. En moins d'une demi-heure, ils eurent embarqué leur récolte; les hangars furent démontés et rapportés, ainsi que les chaudières, sur les bateaux qui se préparèrent à appareiller; à huit heures du soir, ils avaient hissé leurs voiles et ils sortaient de la baie.

Au même groupe que l'holothurie appartient la *synapte* découverte par M. de Quatrefages dans le sable des îles Chausey.

« Lorsque je conservais pendant quelque temps des synaptes vivantes dans un vase d'eau de mer, je les voyais se morceler d'elles-mêmes, dit le naturaliste qu'on vient de nommer. Le jeûne est la seule cause de ces amputations spontanées. Au bout de quelques jours, il ne restait souvent qu'un petit ballon sphérique couronné par les tentacules. La synapte, pour conserver la vie à sa tête, s'était peu à peu retranché tout le corps. »

Holothurie.

Engin pour la pêche du corail.

XXI

LE CORAIL

Jusqu'au siècle dernier, le corail a passé pour un végétal ; Théophraste, Pline, Dioscoride, l'avaient considéré comme tel. Parmi les modernes, Tournefort le plaçait, en même temps que divers madrépores, dans sa dix-septième classe avec les fucus et les corallines. Cette manière de voir parut incontestable, quand Marsigli eut fait la découverte de ce qu'il appelait les *fleurs du corail*. Il avait eu cette idée si simple, et qui cependant n'était encore venue à personne, de placer dans un vase plein d'eau de mer une branche de corail nouvellement pêché. « Le lendemain matin, je trouvai, écrit-il, mes branches de corail toutes couvertes de fleurs blanches de la longueur d'une ligne et demie, soutenues d'un calice blanc d'où partaient huit rayons de même couleur, également longs et également distants les uns des autres, lesquels formaient une très-belle étoile semblable, à la couleur et à la grandeur près, au girofle. » Il ajoute que cette découverte le fit presque passer pour sorcier dans le pays ; personne, même les pêcheurs, n'ayant jamais rien vu de semblable.

Cela se passait au commencement du siècle dernier. Quelques années plus tard (1725), un médecin, Peysonnel, annonçait que les petites étoiles signalées par Marsigli, et prises par celui-ci pour des fleurs, étaient bel et bien des animaux, semblables pour l'organisation à ce qu'on appelait alors des *orties de mer*, à ce que nous appelons aujourd'hui *actinies* et *anémones de mer*. Ce fait, d'abord nié, n'est plus contesté par personne; le corail est un polype à polypiers. Il a été récemment l'objet d'une très-belle étude de M. Lacaze-Duthiers.

Le nom du corail est grec et signifie étymologiquement : *j'orne la mer*. Ce nom montre en quelle estime les Grecs avaient cette production. Orphée l'a célébrée dans ses chants, Ovide en parle en ses *Métamorphoses*. On lui prêtait quelques propriétés médicales et même des vertus occultes ; les aruspices en portaient comme chose agréable aux dieux, et aujourd'hui encore les musulmans déposent des grains de corail auprès des morts pour éloigner de ceux-ci les génies infernaux. Mais c'est surtout comme objet de luxe que le corail a été et qu'il est encore recherché. Les Indiens, au rapport de Pline, avaient pour cette belle production une passion égale à celle que leur inspiraient les perles. Ils l'ont conservée. Les Gaulois en ornaient leurs glaives et leurs casques ; ainsi font aujourd'hui encore les Asiatiques. Partout les femmes aiment à s'en parer, et il s'harmonise aussi bien avec le noir d'ébène des Éthiopiennes qu'avec l'éclatante blancheur des Circassiennes.

On le trouve dans la Méditerranée et dans la mer Rouge à des profondeurs et en des expositions qui varient suivant les lieux. Sur les côtes de France, il couvre les roches exposées au midi, tandis qu'il est rare sur celles qui sont tournées au levant et à l'ouest, et il n'y en a jamais sur celles qui regardent le nord. D'après Lamouroux, on ne le trouve jamais à moins de 3 mètres de profondeur, ni à plus de 300 mètres. Dans le détroit de Messine, c'est du côté de l'orient que se plaît le corail; on le trouve rarement sur les sites de l'ouest; ceux du nord en sont dépourvus. La profondeur à laquelle on le pêche est comprise, au rapport de Spallanzani, entre 350 et 650 pieds. Sur les côtes de l'Afrique septentrionale le corail se fixe sur les rochers qui regardent le sud, le sud-est et le sud-ouest.

Les pêcheurs ne commencent à le chercher qu'à 3 ou 4 lieues en mer, depuis la profondeur de 30 à 40 mètres jusqu'à celle de 250 à 300.

Dans les endroits où le corail se développe très-près des côtes et à une faible profondeur, la cueillette en est faite par des plongeurs; c'est ce qui a lieu par exemple, dans les Pyrénées orientales; mais le cas est très-rare. Sur les côtes d'Afrique et dans le détroit de Messine, la pêche se fait d'une toute autre façon, sur laquelle nous pourrons donner les détails les plus précis, M. Lacaze-Duthiers en ayant fait le sujet d'une de ses leçons au Muséum d'histoire naturelle.

Les bateaux-pêcheurs, presque tous italiens, sont élégamment construits et fort bon marcheurs. Les plus grands (16 tonneaux) sont montés par dix ou douze hommes, les plus petits par cinq ou six. A la proue est une boule sur laquelle est peinte l'image du Christ, de la Vierge ou de quelque saint; l'arrière du bateau est réservé à la pêche et à l'équipage; un cabestan s'y trouve; l'avant est disposé pour les besoins du patron. Au milieu se trouve la soute à eau et la soute à biscuit.

L'ensemble des pièces nécessaires à la pêche porte le nom d'*engin*. Cet engin est construit de la manière suivante :

Que l'on imagine une croix de bois formée de deux barres solidement réunies en leur milieu, et dont chaque bras peut avoir environ 2 mètres de longueur. Cette croix est lestée en son centre au moyen d'une pierre ou d'un lingot carré de plomb, et à chaque bras est attachée une grande corde de 5 brasses environ, c'est-à-dire de 7^{m},50 à 8 mètres. Chacune de ces cordes porte six filets régulièrement disposés sur sa longueur, à grandes mailles (0^{m},10 de côté) lâchement nouées; ces filets, construits avec une ficelle grosse comme le petit doigt et à peine tordue, sont froncés au moyen d'une corde passée dans une série de mailles et nouée ensuite, de façon à former un paquet qui, plongé dans l'eau, s'étale en rosette autour de ce nœud; ces paquets sont désignés sous le nom de *fauberts;* les plus grands sont les plus minces des

Pêche du corail en Sicile.

bras de la croix : ils atteignent $1^{m},50$ à 2 mètres de longueur. Enfin au point de croisement des deux bras est attachée une cinquième corde plus longue que celle des extrémités et sur laquelle est disposée une série de six ou huit fauberts ; on l'appelle la *queue du purgatoire*. On voit donc que l'engin porte en définitive plus d'une trentaine de fauberts qui, s'éparpillant dans l'eau dans tous les sens et à de grandes distances, doivent s'accrocher avec une extrême facilité à toutes les aspérités du fond, et le corail est pris par l'enchevêtrement de ses branches dans les mailles du filet.

La première chose à faire est évidemment de trouver un banc de corail. Dans cette recherche, les patrons acquièrent une habileté prodigieuse : dépourvus de tout instrument, guidés seulement par l'habitude, ils arrivent à se rendre un compte parfaitement exact du fond par la connaissance parfaite des moindres accidents de la côte ; et l'on assure que certains d'entre eux sont à ce point exercés, qu'ils peuvent repêcher au fond de la mer un engin qu'ils y ont laissé l'année précédente.

Voici maintenant comment se fait la manœuvre de l'engin. On le lance à la mer, où il flotte étalé, une corde le soutenant. Cette corde, attachée au centre de la croix, s'enroule sur le cabestan ; assis sur le plat-bord du bateau, le patron laisse pendre une jambe en dehors, de façon que l'amarre de l'engin pèse sur sa cuisse recouverte d'un petit tablier de cuir très-épais. D'après les impressions qu'il reçoit de cette corde, il juge de l'état des lieux et du moment où il convient d'abandonner l'instrument de pêche au poids qui tend à l'entraîner. C'est alors qu'il crie de lâcher; la corde se déroule, l'engin s'engage dans les anfractuosités des rochers, on le retire, on le relâche, et ainsi plusieurs fois de suite, jusqu'à ce qu'enfin la *calle* étant terminée, le filet soit remonté à bord.

Mais au prix de quels efforts! Jusqu'ici tout le travail du pêcheur a consisté à rendre aussi inextricable que possible l'entrelacement des fauberts parmi les inégalités du fond; pour retirer l'engin, il faut donc arracher tout ce qu'il a saisi. Exposés à l'action d'un soleil de feu, ruisselants de sueur, les veines gonflées, ils tournent au cabestan. Le travail est si excessif qu'il leur serait impossible de le continuer, s'ils ne réparaient incessamment leurs forces en puisant, sans interrompre leur manœuvre, à la soute à biscuit placée exprès à leur portée; aussi peut-on dire que le corailleur mange toujours. Ajoutons à cela que, de temps en temps, le maître, homme dur et exigeant, distribue des coups à ceux qui passent devant lui. Dans ce qu'on appelle les moments de repos, il leur faut réparer les filets rapidement détruits ou en faire de nouveaux; et leur habitude en ce genre de travail est si grande, qu'on en voit qui, harassés de fatigue et presque endormis, continuent de boucler les nœuds. Leur journée est de dix-huit heures ; du biscuit et de l'eau à discrétion, le soir des pâtes d'Italie; du vin et de la viande deux fois par an, à l'Assomption et à la Fête-Dieu, voilà leur régime. Les meilleurs matelots reçoivent de quatre à six cents francs pour les six mois de la saison d'été, les autres moitié moins; aussi dit-on proverbialement qu'il faut avoir tué ou volé pour être corailleur, et M. Lacaze-Duthiers ajoute qu'en effet ces malheureux ne sont pas à l'abri de tout reproche.

Cela n'empêche pas qu'au premier coup de filet de la saison, ils ne se mettent tous à genoux, et le premier beau rameau de corail qu'ils retirent de l'eau est offert à la Bonne Mère... pourvu toutefois que la pêche soit fructueuse.

Elle est fructueuse quand un grand bateau a récolté 300 kilogr. de corail, quand un petit bateau en a récolté 150; 300 kilogr., produisent un bénéfice de deux à trois mille francs.

Le corail n'est point vendu par les hommes du bord (cela leur est interdit), mais par les armateurs. Les marchés les plus importants de la côte d'Afrique sont Bone et la Calle, et l'on y apporte même les coraux pêchés sur les côtes d'Espagne et de France, lesquels, quoique de qualité moins belle que ceux d'Algérie, passent au milieu de la masse de ces derniers, de telle sorte que le corail pêché aux côtes de France n'arrive aux manufactures françaises qu'après avoir passé par les marchés d'Italie.

Dans le commerce, on distingue plusieurs qualités de corail :

1° Le *corail mort* ou *pourri*. On désigne ainsi les racines de zoanthodème, recouvertes de dépôts pierreux, de bryozoaires ; leur valeur varie de 5 à 20 fr. le kilogramme.

2° Le *corail noir*, qui n'est autre chose que du corail détaché du rocher, tombé dans la vase où il a séjourné un certain temps et modifié plus ou moins profondément par des émanations sulfureuses ; on l'emploie comme bijou de deuil, et il vaut de 12 à 15 fr. le kilogramme.

3° Le *corail en caisse* est la réunion de morceaux de toutes les grosseurs, des débris les plus vils jusqu'aux plus beaux rameaux ; c'est le corail tel qu'il a été rapporté de la pêche. Son prix, qui est très-variable, peut aller de 45 à 70 fr. le kilogramme.

4° Le *corail de choix*. C'est l'ensemble des plus beaux rameaux, mis à part par les armateurs, et vendus par eux, soit à la pièce, soit au poids. Cette qualité vaut en moyenne de 400 à 500 fr. le kilogramme.

5° Le *corail blanc*. Enfin, on rencontre aussi, mais très-rarement, du corail blanc, qui ne diffère du rouge que par la couleur, et qu'on ne doit regarder, par conséquent, que comme une variété.

La valeur commerciale du corail dépend de la forme des rameaux ; s'ils sont grêles et buissonneux, comme c'est ordinairement le cas pour ceux que l'on pêche sur les côtes de France et d'Espagne, il est plus difficile de le débiter, et le déchet est plus considérable. Mais il faut surtout que les branches soient intactes ; or il arrive souvent, pour le corail d'Oran en particulier, qu'elles sont perforées dans tous les sens par de petites annélides voisines des serpules ou par des éponges. Enfin la teinte plus ou moins rouge, plus ou moins transparente, influe beaucoup aussi sur la valeur du corail : c'est là une affaire de mode. C'est surtout le corail rose qui a un grand prix dans l'Europe occidentale.

C'est en Italie, à Naples, à Livourne, à Gênes, que se taille presque tout le corail qui vient de nos possessions algériennes ; il y avait autrefois beaucoup de manufactures à Marseille ; mais aujourd'hui elles ont presque entièrement disparu ; à Paris, on taille très-peu, si ce n'est quelques camées de choix, mais on y monte beaucoup de corail et l'on y fait des bijoux; enfin on le travaille aussi à Alger et à Bone.

Le corail sort des manufactures sous quelques formes principales que le bijoutier utilise ensuite; ces formes sont :

Les perles de toute grosseur, unies ou à facettes;

Les olives;

Les sculptures variées;

Enfin le *corail arabe*, formé de portions de tiges polies et percées suivant leur axe.

Quant à la manière dont le travail lui même s'effectue, il suffit de dire que le corail, d'abord dégrossi avec la lime, est ensuite usé sur des disques horizontaux, analogues à ces tours que les opticiens emploient pour tailler les cristaux et le verre, et par l'intermédiaire d'une pâte formée d'eau et d'un émeri qui, d'abord d'un grain très gros, est employé à la fin sous la forme d'une poussière impalpable. La fabrication des perles à facettes, par exemple, est très-simple et extrêmement rapide : un ouvrier chargé de débiter les rameaux fait des entailles sur les tiges avec une lime et détache ensuite les morceaux avec une grosse tenaille; les petits cylindres qui en résultent sont percés suivant leur axe au moyen d'un foret vertical, et le trou ainsi produit sert à emmancher la pièce, et permet de la manier plus commodément; celle-ci est alors usée grossièrement sur un grès et amenée à la forme ronde; la perle qui en résulte passe aux mains des polisseuses qui soumettent ses diverses parties au frottement d'un disque métallique, tournant avec rapidité et recouvert d'émeri plus ou moins fin. Les facettes sont produites en un clin d'œil avec une régularité admirable. Il ne reste plus qu'à donner un dernier poli.

Corail.

Pêche d'éponges (île de Cuba).

XXII

LES ÉPONGES

« L'éponge, disait Lamarck, est une production naturelle que tout le monde connaît par l'usage assez habituel qu'on en fait chez soi ; et c'est cependant un corps sur la nature duquel les naturalistes, même les modernes, n'ont pu arriver à se former une idée juste et claire. »

Ceux-ci en faisaient un animal, ceux-là un végétal ; plusieurs ni l'un ni l'autre, ou l'un et l'autre, une chose mixte, servant de domicile à de petits êtres qui y entraient et en sortaient à volonté. Aujourd'hui on s'accorde assez généralement à les placer dans le règne animal, dont elles occupent le degré le plus inférieur.

A première vue, on distingue dans l'éponge vivante au moment où elle vient d'être retirée de l'eau (je parle seulement de l'éponge employée en économie domestique), deux substances bien différentes.

La première est une sorte de mucosité recouvrant le tout ; la seconde, enveloppée par la précédente, est un tissu fibreux et feutré percé d'une multitude de pores, et contenant de petits corps tantôt siliceux, tantôt calcaires, de formes variées, qu'on nomme spécules.

L'éponge, préparée pour les usages domestiques, a été débarrassée de la mucosité qui l'enveloppait et des particules siliceuses ou calcaires qu'elle contenait, et se trouve réduite à ce tissu fibreux dont on vient de parler.

La première substance est la partie animée de l'éponge. C'est une agrégation de polypiers, mais de polypiers d'une simplicité extrême ; ni tentacules au dehors, ni tube digestif en dedans ; un simple estomac creusé à même un parenchyme.

Il se nourrit des molécules organisées en suspension dans le liquide ambiant.

Ces animaux élémentaires ont deux modes de multiplication : par des germes ciliés et mobiles, sortes d'infusoires, par des espèces de sporanges comparables aux corps reproducteurs des végétaux cryptogames.

Toutes les éponges sont aquatiques, les unes marines, les autres d'eau douce ; celles-ci, nommées spongelles, sont sans usage. Les premières vivent fixées à des corps sous-marins à des profondeurs de 5 à 25 brasses[1], où la mer est toujours tranquille. Leurs formes sont très-variables, et quelques-uns de leurs noms vulgaires, *gant de Neptune*, *trompettes de mer*, *manchons* et *cierges*, en donnent une idée. Elles diffèrent également par la taille ; les unes restent toujours fort petites, d'autres atteignent une hauteur de près de 2 mètres. Les éponges utiles se trouvent dans l'Atlantique, dans le golfe du Mexique, dans la Méditerranée, dans les mers des Indes, dans les mers australes, dans les mers du Nord. Elles sont communes, grossières et de grande taille dans les eaux chaudes (golfe du Mexique, mer Rouge), moins abondantes, plus petites, mais de qualité bien supérieure dans les régions tempérées, et surtout dans la Méditer-

[1] La brasse égale 5 pieds métriques.

Pêche d'éponges dans le Levant.

ranée. Leur tissu se resserre, leur taille s'amoindrit, leur nombre diminue à mesure qu'on se rapproche du Nord; elles manquent entièrement dans les contrées glaciales.

Les éponges du commerce sont classées en deux catégories. La première comprend les sortes communes (*spongia officinalis*), à formes arrondies, ou planes, ou convexes en dessous, d'un tissu mou, grossièrement poreux. On en compte vingt-deux espèces. La seconde comprend les éponges fines (*spongia usitatissima*), à formes convexes ou évasées, à pores très-fins à l'intérieur, avec des oscules déliés comme des poils; on en compte trente-quatre espèces.

La pêche dans le Levant, depuis Beyrouth jusqu'à Alexandrette, est exploitée par les Syriens et les Grecs. Elle commence en mai et dure pour les Syriens jusqu'à la fin de septembre, tandis qu'elle finit en août pour les Grecs, désireux de rentrer chez eux avant la mauvaise saison.

Ceux-ci arrivent à Seyda (Sidon), à Beyrouth, à Tripoli, à Tortosa, à Latagnié et d'autres ports de la Syrie, dans des embarcations nommées sarcolèves, montées habituellement par quinze à vingt hommes. Aussitôt arrivés, ils désarment et louent aux habitants du pays des barques de pêche. Chacune de celles-ci porte quatre ou cinq hommes qui plongent à tour de rôle. Chacun d'eux est armé d'un couteau à forte lame, à l'aide duquel il sépare du rocher l'éponge qui y adhère.

Ceux de Morée, et particulièrement les Hydriotes, procèdent autrement. Ils ne plongent pas, ils draguent. Leur drague est un trident à lames tranchantes et recourbées et garni d'un filet. Les lames arrachent, le sac reçoit. Il faut une mer calme; des poignées de sable trempé dans l'huile étant répandues autour de la barque, l'huile s'étend, et neutralisant l'action de l'air, empêche l'eau de se rider. Alors les pêcheurs voient distinctement les éponges au fond de la mer. Ce procédé ménage les hommes, mais il a l'inconvénient de détériorer les éponges, souvent déchirées; aussi se vendent-elles 30 pour 100 de moins que les éponges dites plongées.

On plonge dans la mer Rouge, et les Arabes vendent le produit de leur pêche aux Anglais d'Aden ou l'envoient en Égypte.

C'est encore par des plongeurs que cette pêche est pratiquée dans le golfe du Mexique, sur les bancs de Bahama. Ces plongeurs sont Espagnols, Américains, Anglais, et comme en cet endroit les éponges croissent à de faibles profondeurs, les hommes n'ont qu'à se laisser glisser le long d'une perche amarrée au bateau, travail bien plus facile que celui qui se fait dans la Méditerranée.

Immédiatement après la pêche, on presse les

éponges, on les foule même aux pieds, on les lave un grand nombre de fois dans l'eau de mer et dans l'eau douce fréquemment renouvelée jusqu'à l'entière disparition du mucus gélatineux; on les passe ensuite à l'eau chaude dans le but de les débarrasser autant que possible d'une odeur chloreuse qui leur est particulière et que leur communique la matière animale renfermée dans le tissu fibreux.

On ne connaît au juste ni la durée de la vie des éponges, ni la vitesse de leur accroissement; on sait seulement qu'on peut au bout de trois ans faire une récolte nouvelle dans les lieux qu'une pêche antérieure avait épuisés.

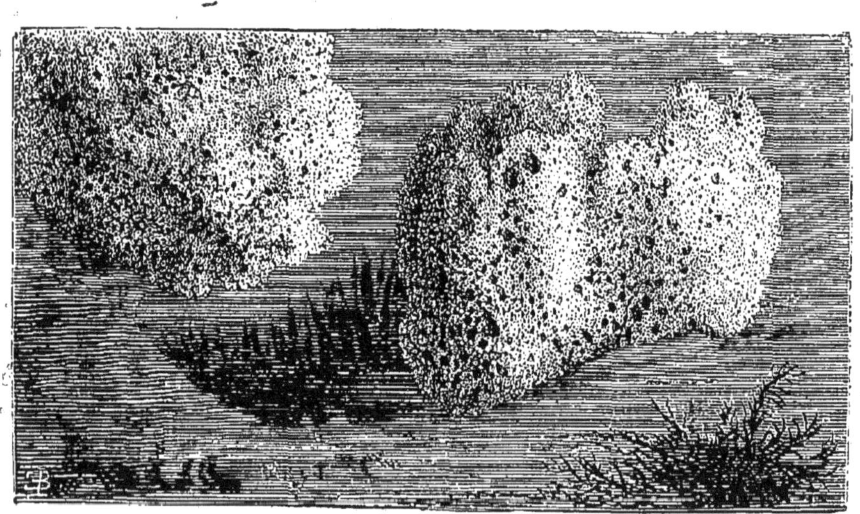

Éponges.

TABLE DES GRAVURES

TABLE DES MATIÈRES

PARIS. — IMP. SIMON RAÇON ET COMP., RUE D'ERFURTH, 1.

www.ingramcontent.com/pod-product-compliance
Ingram Content Group UK Ltd.
Pitfield, Milton Keynes, MK11 3LW, UK
UKHW020104200726
13856UKWH00002B/363